自给自足的城市

The Self-Sufficient City

——智慧与可持续发展城市设计之路

比森特·瓜里亚尔特（Vicente Guallart） / 著

万碧玉 / 译

U0251008

中信出版社·CHINACITICPRESS ·北京·

目录 CONTENTS 一

经典语句

11. 自给自足

· 人类是自给自足的，因为我们是栖息地的一部分。

· 在21世纪，我们的自给自足是全球化的。

· 为了生存，人类必须制造能源、食物和其他生存必需品。

· 每个个人、每个社区、每个社会、每一代人都在构建属于自己历史时代的栖息地，以满足自己独特的生存方式。

· 强大的市民，造就强健的社会。

· 自给自足能够更好地应对全球衰落。

12. 城市

· 互联网改变了我们的生活，但它并没有改变我们的城市。

·20 世纪的"工人–消费者"之后将是 21 世纪的"企业家–生产者"的时代。

·21 世纪城市面临的挑战是再次提升生产力。

·我们生活在城市的世界。

·城市是人们实际居住的地方，也是实体经济的诞生地。

·我们正在从工业化时代走向信息化时代，资源管理模式也正从集中化转变为分布式。

·那些能够以最少量的资源为周边地区创造价值的城市和地区将成为全球的领军者。

·如果我们理解了信息社会的经济是以创新为基础的，那么现在的城市设计是多么不经济、不明智。

·城市是个多层级的系统，除了物理层和功能层外，还应加一个代谢层。

·许多"慢城市"共存于一个"智慧城市"之中。

13. 网络

·每一个人生活在不同的城市里。

·任何行动都发生在连续的多重空间与时间尺度的我们所居住的真实世界。

·空间被凝聚成了对象，而对象每天都在变小。

·人们如果有兴趣裸居在大自然中，那就不需要房子或城市了。

·优秀的建筑和城市是作为地球上某个地方的历史的一部分出现的，就像是自然的一部分。

· 剖析一个城市可以从城市的机构开始，如从城市环境、基础设施、公共空间、建成区、信息和人。

1. 住宅

· 住宅是人们居住环境的核心。

· 房屋像一个电脑，那么结构就是一个网络。

· 商业互联网和社交互联网以及物联网的出现，城市互联网也将出现。

· 电脑消失了，内容占据了空间。

· 世界上每个物体和每栋建筑都拥有一个数字身份、一个地址。

· 我们想把物理世界"上传"到互联网上。

· 每个物体都有其物质史和形态谱。

· 住宅能把人联系起来，而非把人分隔开来。

2. 楼宇

· 建筑是居住的艺术。

· 虽然在 20 世纪，建筑物的物理结构已经功能完美，但在 21 世纪，建筑物会将自身的新陈代谢纳入其中。

· 如同数字化改变了信息世界一样，电气化也将改变物质世界。

· 19 世纪土地通过将农业用地转变为城市用地实现增值，到了 21 世纪，我们能够通过再造城市，让城市实现自给自足。

· 低价建楼，高价售楼，然后转身走人。

· 以服务为主体的经济模式中，想做成生意就要留在客户身边。

· 能源决定形态。

· 建筑物需要人工建造、自然管理。

· 为了让建筑物实现自足，它们首先必须智能。

· 我们须将建筑物变成有机体，城市变成自然的生态系统。

3. 城市街区

· 住宅依然是重点。

· 自给自足型城市街区应该运行在一个具有互联网的分布式模式的能源和水的网络上。

· 制造椅子的人既保留了椅子，又保留了椅子的制作方法。

· 在世界任何地方的任何人，都能利用网络上的共享知识和当地的资源生产出任何产品。

· 人类就是生物化学转换机。

4. 社区

· 社区是城市的器官。

· 在城市结构中，社区是人们凭借工具进行活动的地域范围。

· 人们并不仅仅是在各自家中生活，人们的栖息地是一个多空间组成的连续统一体，包括了公寓、楼宇、社区或城市，这样的栖息地才能够同时满足个人和集体的基本需求。

·我们可以建造一种不是传统结构的具备一定密度和功能多样化的城市环境。

·一群紧挨着的房子并不能组成社区。

5. 公共空间

·在城市世界里，社会和经济的进步主要体现在为公众所使用的公共空间的基础设施的水平。

·信息技术革命可以使城市通过重新规划提高运行的效率。

·高密度的城市更加渴望和平相处。

·城市总是在自身基础上发展。

·在信息化社会中，我们同时生活在不同的时间和空间维度中。

·在网络化社会中，我们可以同时打造高速的全球系统和低速的本地系统。

·文明若想实现自我超越，就得使用更少的能源，管理更多的信息。

·为了使城市变得更加高效，我们需要提高对既有信息的分辨能力。

6. 城市

·城市是明智的能量。

·城市如组织，有其自身的诀窍。

·城市跟生物一样，也是自然选择的产物。

·每一个城市有一个自己的时钟，它展示了城市功能发展的进程。

· 要保存文化遗产，最好的方法是增加它。

· 每一个新的城市时代都有与之相应的经济模式（反之亦然）。

· 我们面对的是从产品经济到服务型经济的转变的时代。

· "一城一策"，城市的理念是其居住者理念的总和。

· 20 世纪城市设计的特点之一，是城市工业区功能失调。

· 城市的改造应是重塑其地理中心。

· 我们生活在一个城市世界里，是我们生老病死的地方。

· 19 世纪的地球由帝国统治，20 世纪是民族国家的世纪，21 世纪则是属于城市的时代。

· 城市不再消费工业提供给它们的产品，共享标准能加速创新和工业发展。

· 没有一个城市能在世界上孤芳自赏。

· 城市协议应该构架一套城市评估系统，并成为信息时代知识共享的平台。

7. 大都市

· 纵观人类历史，人们对城市的理解从未有现在这般充分，建造城市的方式也从未如此接地气。

· 同一座城有许多不同的城市生物时钟。

· 为了城市的更加自然，需要减少公共空间中私人交通工具的使用。

· 我们在靠近河流的平原地区进行了数十年的交通、物流和城市化的基础设施建设，现在，我们需要恢复城市化破坏的自然环境。

· 城市需要被设计成一个能量和信息交换的封闭循环系统。

· 我们要把人类当作人来进行教育，并教授他们如何生产本地生活所需的资源，如何与全世界分享人类、环境和地球积累的知识。

· 城市要转变吸收产品生产垃圾的模式，进出城市的只能是一样东西，那就是信息，城市应在本地生产其所需的资源，从"产品进垃圾出"转变为"数据进数据出"。

结语　从大城市到超级栖息地

· 大城市是不连续的大都市。

· 连接自给自足的城市改变世界治理层级，使我们越来越接近大陆联盟中的城邦的模型。

序　言

2000多年前，亚里士多德曾说过："人们是为了生存而来到城市，为了生活得更加美好而居留于城市。"可见，城市最大的功能就在于满足人类对幸福生活的渴望。然而，当今我们所居住的城市，却被密集的人口，过快的生活节奏，巨大的生存压力，拖进过度生产与消费的恶性循环。直到全球能源亮起红灯，城市环境被雾霾和拥堵问题困扰，城市周围布满垃圾，我们才意识到，已经走得太远了。

为了解决这些问题，智慧城市的概念应运而生。作为未来城市化进程的趋势，我认为智慧城市的核心就是两个生态——人居生态以及经济生态的和谐共存。这不仅仅是关于建筑和周边环境的和谐问题，而是一个整体经济模式、生活方式的改革。

作为可居住的生态系统，城市经济生态会影响到全球的生态平衡。事实上，城市的过度消耗已经给地球环境造成负担。因此，改变城市经济结构，挖掘城市潜藏的生产力，使它成为更加自给自足的生态系统，不仅可以提高城市的活力，也能从根本上解决能源和环境问题。

而在这种新的城市形态中，人居生态也会得到改善。人与人之间的关系将从互联网虚拟社区走向真实社区，居住环境将更加和谐；信息化将进一步推动社会朝着扁平化方向迈进；人力资源将转变为创造性资源。最终，城市将提升居民的幸福感，其自身也将恢复到为人类生活提供便利，并促进人类文明进步的轨道上。

在这样的背景下，北京歌华文化发展集团联合比森特·瓜里亚尔特先生，发布其关于智慧城市领域的最新著作《自给自足的城市》中文版。比森特·瓜里亚尔特先生是本次设计周主宾城市——巴塞罗那市政府首席规划师。

《自给自足的城市》表达的是城市文化的自觉、经济生态的自觉与人居生态的自觉，不仅是城市物质与技术层面的自给自足，更是人文、经济、人居、生态等城市软件层面的自给自足。在书中，瓜里亚尔特先生提到了巴塞罗那从 1.0（依赖农业生产的占地 12 公顷的小城），逐步升级到未来5.0 阶段（自给自足的智慧城市）的进化历程。我认为，巴塞罗那在城市设计与建设智慧城市方面，有着许多值得我们学习和借鉴的地方。而在与瓜里亚尔特先生沟通之后，我更加确定这本书对我们智慧城市的建设将有很大帮助。

此外，瓜里亚尔特先生在《自给自足的城市》中所勾勒出来的未来世界蓝图：以本土智慧和全球互联，建设再度恢复生产活力的城市，这也恰恰与"北京智慧城市创新中心"所倡导的"智慧城市，规划为本"不谋而合，我们希望将"北京智慧城市创新中心"建设成一个开放式企业与政府间交流与协作的平台，并据此建立智慧城市建设的国际智库体系。

最后，我非常荣幸为这本《自给自足的城市》作序，也希望有更多的有识之士，能够分享本书的真知灼见，并汲取营养，共建我们城市的未来。

王建琪

2014 年 9 月 7 日

王建琪：高级经济师。现任北京歌华文化发展集团董事长。历任北京幻灯制片厂厂长，北京市美术公司总经理，北京文化艺术总公司总经理，北京广告艺术集团总经理。

多年来致力于探索文化改革、创新与发展，参与了全国第一家综合性文化产业集团——歌华集团的组建；首创并推动了国家对外文化贸易基地（北京）暨天竺文化保税园的建设与发展；建立了以中华世纪坛为平台的世界艺术中心；建设歌华大厦并打造成首都创意设计大厦；参与策划组织了多项国家级大型文化活动，对外宣传活动和中外文化交流活动；参与策展了多项大型文化艺术展览、世界艺术展等项目；参与组织操作了多项大型中外演出活动。

译者序

∧

————————

　　在巴塞罗那，当很多人看到在一千多年前的罗马时代的城墙上建筑着的七百多年前的哥特式风格的教堂，掩映在半个世纪以前建造的各种古式建筑以及巴塞罗那奥运会期间建造的各种新型建筑群中间时，总会产生一种时光倒流的错觉，总会惊叹于历史建筑与现代建筑竟能如此能完美地共存，总会对成就这一切的设计师们的非凡智慧产生由衷的敬意！

　　比森特·瓜里亚尔特（Vicente Guallart）先生——巴塞罗那市政府首席规划师，在国际城市及智慧城市规划设计、智慧城市系统顶层设计中享有崇高威望。我有幸与他有过一次短暂的会晤。今年五月，在有着七百多年历史的巴塞罗那市政厅的一间古老的会议室里，我们就城市规划、建设、智慧城市等领域进行了交流。虽然我们是第一次会面，且会面时间仅一个多小时，但比森特先生那丰富的学识，睿智、敏捷、缜密的思维，以及在城市规划建设领域深刻、独到、精辟的见解却给我留下了深刻的印象。尤其是当比森特先生结合巴塞罗那的城市规划建设实践，说起他和他的团队对智慧城市的理解，以及对现代城市、特别是奥运会后的现代城市的规划建设时，更是妙语连珠，其精彩的言论不时将我深深打动。

临行时，比森特先生送了我一本他的最新著作《The Self-Sufficient City》。该书开篇的第一句话 "The Internet has changed our lives, but it hasn't changed our cities, yet.（互联网改变了我们的生活，但它并没有改变我们的城市）瞬间吸引了我，因为这句话与我国在新型城镇化背景下提出的"智慧城市"理念非常接近。在阅读该书过程中，我发现，书中的许多理念，与我们所倡导的智慧城市基本理念是一致的。并且，书中许多有关内容也对我国正在进行的"智慧推进城市可持续发展"的实践具有非常大的借鉴意义。于是，在征得比森特先生同意的情况下，我和我的团队决定将该书翻译成中文在中国出版。在该书即将和读者见面之际，首先让我们对本书的原作者——比森特先生致以崇高的敬意！还要感谢同行的北京歌华蓝石的陈彩云女士，回国后热心地为我们出书安排翻译团队、联系版权，才得以今天完成这本中译本的出版。从远古的狩猎时代人类居无定所，到城市逐步形成，再到人口超过两千五百万的大都会区的出现，城市的形成和发展经历了一个漫长的历史过程。如今，随着城市规模的日益扩大人口增多、资源紧张、交通拥堵、环境恶化等诸多"城市病"已成为所有国家曾经或正在面临的问题。如何避免和破解"城市病"，实现城市的可持续发展？已逐步成为世界各国关注的重大课题。

在《The Self-Sufficient City》中，比森特先生提出了"自给自足的城市（The Self Sufficient City）"的概念，并强调人类生活本就是自给自足的，人类本就是自然环境的一部分。新书认为通过信息的充分利用，可以用较少的资源和能耗满足城市不同层面的各类需求：凭借信息时代的新技术和新规则，在信息互联互通的基础上，小到个体，大到整个地球，都可以靠自身资源生产和能源供给能力实现自给自足。这些理念，与我们所倡导的"智慧城市"基本理念是一致的，基于城市自身发展规律，虽然突出信息化社会，城市信息层的作用，但都认为人在城市中仍然起决定性作用。同时，值得注意的是，自给自足的城市的另一个重要特点在于不再强烈依赖外界大规模生产的成果，而是通过信息的充分利用，在本地以最少的资源和能源代价实现城市的自给自足。从贯穿全书的巴塞罗那的城市发展历程可以看出：在农业、贸易、工业化、数字技术的推动下，巴塞罗那从 1.0 时代走过了 4.0 时代，而现在，巴塞罗那 5.0 时代所追求的正是在本地实现资源和能源的自给自足。

比森特先生的新书还从单体住宅、楼宇、街区、社区、功能区、城市、大都市、地区、国家到全球，从历史、社会、经济、环境多个维度，从发展的角度剖析以人为本的城市发展观对现代城市建设的重要意义，从各个单元结合新型信息技术的应用分析了如何打造一个自给自足的现代化城市（区）。其中提到了城市基础设施、公共空间、城市管理、产业发展，及与之相应的理念层面和技术层面的实现路线图。这些对我们正在进行的"智慧推进城市可持续发展"的实践具有非常大的借鉴意义。另外，书中提到的"许多慢城市即智慧城市"（Many slow cities inside a smart city）和相关理论，与我们当前关注的另一些研究，比如智慧"微城市"（Smart Micro City，麻省理工大学肯特教授），"城市策展法"的城市规划（Urban Gallery，柏林工业大学拉乌尔教授）等理念也是一致的。

在国家推进新型城镇化的大背景下，我国城镇化发展速度非常迅猛，在取得巨大成就的同时，也积累了许多问题。城镇化高速发展中出现的城市承载力不足的问题已经显现，人口、交通、环境、资源等问题，严重制约我国城镇化进一步发展为此，必须转变以往的城市发展理念和模式。由于工业化对人口和生产资源的集中，为安置越来越多的进城人口，传统城市规划理念将城市简单地按照功能进行区域划分，即将工业、商业、住宅和休闲分离并集中在不同区域。当西方发达国家正在矫正其高速发展期所犯下的这一错误时，以中国为代表的发展中国家的大多数城市仍在上演。书中提到"在经历过因大量农村人口涌入而快速发展的城市中，比如大量中国城市，新建的崭新社区数量可能多达80%，而有50年或以上历史的社区只占20%。这样的城市，城市单元和城市功能的关系都会较其他城市复杂得多"，并认为那些单纯靠自上而下行政决策而建立的城区，需要数十年的时间才能转变为真正的社区。若能在城市建立之初，就将城市各单元当作独具个性的功能单位进行规划，它们就可以更好地为城市贡献价值，并丰富城市的多样性，而不仅仅是作为个体的存在。"虽然一个城市的结构不是一朝一夕就能够调整过来的，但比森特先生所描绘的巴塞罗那自给自足的城市建设经验和理念或许正可为我们新型城镇化背景下的"智慧城市"事业提供参考和借鉴。

　　自给自足的城市不仅与"智慧城市"的概念一样赋予城市以"智慧"，同时也给我们描绘了一幅让人类回归自然的画面，让城市从资源和能源困境中解救出来，真正成为人类的诗意栖息之地，与自然融于一体。1995年底，时任联合国助理秘书长的沃利·恩道在为《城市化世界》作序时指出："城市化可能是无可比拟的未来光明前景之所在，也可能是前所未有的灾难之凶兆。所以，未来会怎样取决与我们当今的所作所为。"虽然当前城市发展正面临各种问题，但既然人类几千年的智慧与文明亦聚集于城市，通过调整城市规划建设思路和方法，推进新型城镇化，相信城市难题的破解并不遥远。

　　本书的成稿得到了中国科学院遥感所杨崇俊研究员、南京大学城市规划与设计系甄峰教授、北京邮电大学无线电通信工程系宋俊德教授等的协助与支持。感谢在翻译和出版过程中北京歌华蓝石团队的陈彩云、岳进、杨磊、于沛然、高雅以及初稿翻译的石雨晴、李哲峰、欧阳淑铭的辛勤工作，全力支持。感谢住房和城乡建设部中国城市科学研究会数字城市工程研究中心和智慧城市联合实验室的我的同事丁有良、杨柳忠、杨德海、李君兰、姜栋、曹余、张国强、李玲玲、刘舸、施勇民、陆峥嵘、周薇茹、陈昕、冯晓蒙、张莎莎、高静、江楚韵，以及联合实验室合作单位的同事的支撑，也特别感谢在翻译和审稿过程中提供了大量帮助和指导的马蓉博士，对此，谨表示衷心感谢。

　　鉴于时间仓促，我们的能力和经验有限，在翻译和出版过程中难免有错误和疏漏，请各位读者指正和谅解。

万碧玉

2014 年 9 月 15 日 北京

（万碧玉和作者的合影，左一为万碧玉）

万碧玉

：工学博士。国际标准化组织ISO TC268 SC1（智慧城市基础设施计量分技术委员会）副主席，国家智慧城市联合实验室首席科学家。

日本国立神户大学博士毕业，主要从事空间信息技术、人工智能、物联网技术、城市科学等研究工作。曾任启明集团海外事业部主任、国立神户大学研究员。文部科学省年青科学家支持基金获得者。回国后先后担任中国城市科学研究会数字城市工程研究中心总工程师，副主任等职。国际标准化组织ISO TC268 SC1（智慧城市基础设施计量分技术委员会）副主席，国际电工委员会IEC SEG（智慧城市系统评价组）WG2、WG3召集人和国际电信联盟ITU-T专家。北京邮电大学兼职教授，香港中文大学客座讲师。《智慧城市》（经济杂志社）、《现代智慧城市》（新华社现代快报）杂志执行总编辑。国家智慧城市专家委员会主题专家。住房城乡建设部"智慧城市"领域研究与管理的核心专家之一。

引言

I1. 自给自足

有这么一幅图景：想象一下，有个原始人，住在洞穴中。夜里，他生火取暖，在火光中烧制燧石箭头。天放亮时，他将用这箭头捕猎。洞穴的那头，有另一个人，他两只手蘸满兽血或色素，在墙上画了只动物，这是捕猎前的仪式。他们都是自给自足的人，自己制造维持生存所需的能源、工具和食物。他们激发人类内心深处谋求生存的欲望。

人类是自给自足的，因为我们是栖息地的一部分。

和其他所有生物一样，我们出生、存活、繁衍、死亡。我们是栖息地的组成部分，随着历史的变迁，栖息地的功能扩展也在改变。即便是极其苛刻的环境，我们也能构建宜居的建筑物。在这个星球上最冷的地方，因纽特人就地取材，利用周围环境的资源，几百年来延续生存下来。此外，他们和自然界中所有物种一样，改变生活方式，适应生态系统。这是一个本地化的自给自足。

在21世纪，我们的自给自足是全球化的。我们不知道自己用的能源、穿的衣服、吃的食物是从哪里来的。几十年来，栖息地已形成一个系统，许多人只是随着这个系统运转。我们不知道世界为何是这个模样。我们就是活着，活在其中。有人教导我们要遵循规律以及如何遵循这些规律。很多时候，人仅仅是自己生命中的配角。在人类的自然发展过程中，我们的先祖生了孩子，孩子又繁衍了后代，代代延续下来。想象一下，这些后人中，有一个在亚特兰大机场，全球规模最大的机场之一。他错过了中转航班。如果他想搭乘下一趟航班前往目的地，一台机器将决定他何时搭乘、如何搭乘。如果他找个人询问，那人会指引他到机器前，或者有人会把他的名字输入电脑中，机器将给出答案。这个自给自足的猎人的后代，在当今只是一个操作机器的人。他不用做决定，他只是按按钮，按别人所发明、编程和安装好的系统去运作。可以说，他成了一个生物机器人。作为这个地球的一部分，全球系统的一部分，他能够存活，但要他独自生存，他不知道如何制造能源、食物或其他生存必需品。现在，他只是按按钮。然而，这个信息社会能够将天各一方的人们连接起来，他们分享最先进的知识，运用这些知识生产生活所必需的资源。

想象一下，有个年轻科学家通过视频会议系统主持召开一场国际工作会议。他正和20个来自不同领域的企业家进行交流，他们筹划开发一款装有一系列感应器的微控制器，这个微控制器将安装在他们的住处附近，以便收集住处周边的各项环境数据。虚拟会议结束后，其中一名年轻的与会者爬到自家楼顶摘菜，菜是他种的，再用楼里的回收水给菜浇水。同样，这个年轻人采用数字制造机器来做家具，所用木料来自附近森林。这座森林里每棵树都有地理信息参数。多余的木料将用于以生物质为燃料的发动机中，用以发电和烧开水。这台发动机，则是他根据网上下载的文件资料，用其实验室中的工具箱制作出来的。

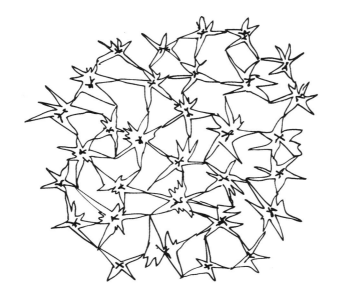

世界：一个集合多个自足网络的协作网
（图表同样适用于描述自足城市）

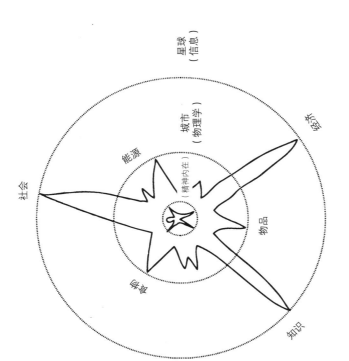

互联中的自足人
（图表同样适用于描述互联的自足城市）

星球
（信息）

经济

社会

知识

能源

城市
（物理学）

（精神内在）

食物

物品

这样的一个人，一个遥远的洞穴人的后代，拥有高度本地化的自给自足区域，并借助他从全球信息网络中分享所获的知识，生产出尽可能多的本地资源。

不管是丛林中的原住民社区、山村、某个欧洲城市的社区、美国郊区或是亚洲大都市，人们会根据自己的日常行为以及他们所生产和消耗的资源来打造独特的居住环境。纵观历史，每个人、每个社区、每个社会、每一代人都在构建自己的生存环境，以满足某种独特的生存方式。在21世纪初，我们有可能借助知识和手头上能够自由支配的资源，改写历史，改写城市栖息地的历史，目的是能够生产出我们在本地生存所需的资源，包括能源、食物和生活用品。

全球知识的可获取性将催生新兴人类。这些知识既用于个人目的，也用于社区的整体利益。这些知识既顾及本地化的资源生产，也参与到全球知识与经济的社会网络中。最强健的社会是由具有强大领导能力和分享欲的个人所组成的。最强劲的社会是由个人组成的，拥有强大的领导能力和分享欲望。

强大的市民，造就强健的社会。

本书尝试定义在城市环境中的不同场景，让21世纪的城市实现在互联的自给自足条件中供人类居住。让城市人能够掌控生存的结构，着眼于打造这代人的效率、能源消耗和人们生活质量的模式的基础上，使城市恢复人性。同时基于全球化的技术和经济，提升本土文化，也创建一种城市创新的经济模式。

近年来，城市涌现出一座又一座的建筑杰作，这些壮观的外在形式隐藏了城市功能的退化。其实，城市能够利用新规则来改写历史，这些规则源自信息社会所青睐的分布式系统。这个模式超越工业社会的集中化系统，打破建造新的功能建筑以及基于系统中不同主体间的关系而建造的社会建筑的模式。

基于互联的自给自足能够更好地应对全球衰落。像当前危机四伏的年代，确保资源的供给以及城市的安全发展，同发展本身一样重要。

分布式系统是不同的自给自足单位交流互通后的产物，它们更加灵活，更能适应变化。它们使用的是本地资源，因此对于地域、流动性和生态资源消耗的影响较低。随着人们在不同层次的城市居住环境管理中能够更加自给自足，我们也更有能力决定人居空间及我们希望拥有的生活节奏。

本书认为，依靠本地的资源生产和全球的知识链接，利用信息时代下的新规则和新技术，将城市改造成一个宜居的生态系统，是有可能的。这种过程中会出现新的建筑、城市空间、社区和城市网络，共同组成一个城市居住环境，这种环境的理念是基于一个新的学科，其中融合了城市设计、环境和信息网络。整个过程旨在提升人们及其所在社区的幸福感，而这些社区也建立在更亲近自然、更注重社交的新生活方式之上，是由市民、社会组织和城市自身汇聚而成的。

一座由城市组成的全球城市。

一座互联的自给自足的城市。

12. 城市

互联网改变了我们的生活，但它没有改变我们的城市。21世纪，因为网络，其他人产生的信息我们几乎都能随时获取到，这些信息如果经过正确管理，则可以创造新的知识。

在与信息时代一并出现的这个新型社会中，城市和栖息地要如何才能够从网络中提炼知识，实现资源生产的本地化呢？每个时代的城市和栖息地都反映了那个时代的文化和历史。利用知识和技术进步，以合理的方式运用所能获得的资源来创造出最适合人类生存的经济、社会和环境条件。

在20世纪，人们为了提高效率，以更少资源生产出更多产品，进一步深化了工作专业化程度，但在此过程中遗忘了大量人性化的东西。这段历史众所周知。人口大量涌入日益全球化、集中化的大量生产体系，主要人口变成了工人。同时，他们还成了这个系统所生产的资源的消费者。城市为了适应这一现实开始转型。

互联网出现了，为了管理的需要，人们推出了一套分布式系统，系统中的每个节点都能进行资源的生产和交换。这样一来，市民或组织就可以通过积极参与全球性的经济网络、社交网络以及知识网络，为当地创造资源，这些资源使用的就是网络所产生的知识。

人类从20世纪的"工人—消费者"模式进入了21世纪的"企业家—生产者"模式，企业家与生产者负责管理自己在其组织内的专业活动。不过"知识城市"（City of Knowledge）不能只是个口号，它得被转变成更实际的东西。知识要用于创造和成事。

摆在21世纪城市面前的挑战是再次提升生产力。为了做到这一点，它们需要与世界保持超高速联结的同时，修改自身物理结构和功能机构，以生产出当地居民所需的绝大多数资源。

城市是人们实际居住的地方，也是实体经济的诞生地。城市形态会在符合当地法律法规的前提下，追随支撑它的经济形态的变化而变化。就这一点而论，要转变经济就得先改变城市。

全球变暖、石油消耗高峰的出现、全球电气化、社交网络、复杂系统的知识和全球经济危机都是转型过程中的一部分，而这一过程会推动全球新经济和城市模型的建立。城市不能成为虽适宜居住但只会消耗自然界有限资源的人类聚居地。无限资源的时代已经终结。城市是可居住的生态系统，是全球生态系统的组成部分，要对它们进行分析就得以此为前提。那些能够以最少量资源为周边地区创造价值的城市和地区不久就将成为全球领军者。

在信息时代，城市的组织方式是以不同层级的自给自足的结构为基础的，所以对新模式的规定也必须符合这一组织形式。城市及其周边地区应该生产人类生活所必需的能源、商品和食物。

为了让适于居住的多层级系统实现自给自足，就需要每个层级都向自给自足趋近：实现地区、社区、建筑的层层自给自足，以便在每个人都通过信息网络彼此相连的自给自足的区域框架内创造出一个自足城市。每个层级和每种居住环境都应该全力挖掘自身潜力，并利用最近层级或最近居住环境内的资源来弥补自身需求。

纵观人类发展史，能源的每一次变革都会催生出不同类型的栖息地。

人类最初是狩猎采集者；然后进入农耕社会，变得更有组织，产生了第一批人类文明；从中又诞生了第一批以设防城市形式存在的稳定居住地，其中许多都成为现在已知城市的起源。工业革命的爆发揭开了真正意义上系统化城市发展的序幕，该发展进程持续了150多年，为现今城市的建造留出了余地。

产业经济在能为商品生产提供原材料、能源，或当地有适合的劳动力且人力资本充足的地方发展得很好。在今天的信息社会中，多层级城市的跨度是从单一家庭到整个地球，这些城市经济发展的基础就应该是全球性的知识贸易、服务贸易，以及以最低限度当地资源进行的本地物质资料生产。

向巴塞罗那（Barcelona）的5.0时代迈进

巴塞罗那是座人口稠密的欧洲城市，它经历了同类城市经历过的所有发展阶段，并逐渐发展出了同心环结构。公元前15年左右，罗马人在滨海的一座小山上创建了这座城市，并用拉丁语巴塞罗那（Barcino）为其命名。当时的它主要依赖农业，占地约12公顷，四周被1.5公里长的城墙所环绕。

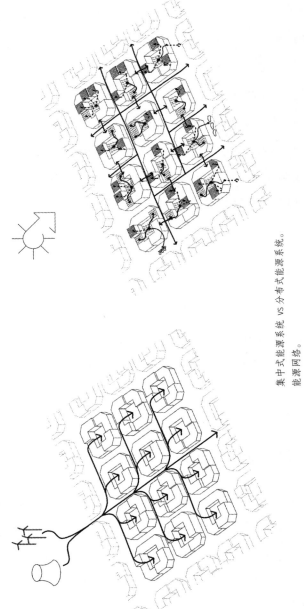

集中式能源系统 vs 分布式能源系统。

能源网络。

那是巴塞罗那 1.0 时代。

巴塞罗那城内及其城墙在中世纪以前历经了许多次的改建和扩建，后来，中世纪君主海梅一世（Jaume I）统一了阿拉贡王国（Crown of Aragon），并开始在此地为这个横跨地中海地区的庞大帝国修建都城。这座城市虽是封建社会的产物，但发展出了工匠和贸易行会，海上贸易和陆上贸易都很繁荣。1250 年，该城修建了新的城墙。15 世纪时，这座城墙被扩建延长到 6 公里，内部占地面积约 218 公顷。

那是巴塞罗那 2.0 时代。

科技发展与新能源的使用、机械动力的发明共同催生了工业革命，从而开启了该市的工业化历程，从而带动了其领土的发展。同时，全球性的人权宣言完全改变了人们对自身居住条件的观念。为了实现将领土面积扩大十倍的计划，巴塞罗那于 1854 年开始拆除城墙。

那是巴塞罗那 3.0 时代。

巴塞罗那扩建计划的设计者是空想社会主义家伊尔德方索·塞尔达（Ildefons Cerdà）[1]，他是"城市设计"（urban design）这一概念的发明者。在塞尔达的设计中，城市土地主要供交通设施以及绿地和建筑区使用。塞尔达的城市规划是以对领土建造的大胆想象为基础的，在兼顾该新兴工业社会对新居住条件的要求的同时，也试图利用那个时代及其集体化特点所带来的技术潜力。该项目的目的是，通过创造更健康卫生的城市，为城市居民提供更优质的生活，在这座城市里，建筑要通向绿地，阳光要能透过窗户照进室内。本次扩建持续了 150 年。

其间，汽车这一新技术出现了，汽车工业也在 20 世纪 20 年代进入稳定发展期。这一技术为更分散的新型城市形式（最早出现在美国）的发展创造了条件，并已开始改变老城人民的生活节奏以及城市本身的运行速度。以巴塞罗那为例，这一新技术促使该城于1992年在城市周边修建了第一条环形公路（仿照法国20世纪70年代修建的那条公路而建），全长32公里，内部占地1000公顷，随后又修建了第二条全长60公里的环形公路，内部面积2.5万公顷，将这片大都市都组织了起来。它标志着以农田或过时工业区为主要构成的城市发展模型的终结，以及数字技术所带来的信息城市新生的开始。

那是巴塞罗那4.0时代。

巴塞罗那在未来几年中应全力从事新模型的发展和应用，从样板工程开始，然后进行大规模的全面推广。在2050年到2060年间，这座城市应实现能源的自给自足，当地生产的经济结构也应该随着全球范围内的设计、解决方法和服务的交流而发展成熟。

那将是巴塞罗那的5.0时代。

当前的城市危机正推动着人类改变自身生活和工作的方式。城市设计这一学科最初的创建目的是，通过进行食物生产的农田向城市领土的转变，实现领土增值。城市人们可以在人口更稠密、经济生产力更强的环境中工作和学习。不过，现在的城市设计过程已经变了样，它更多依赖的是技术而非策略。大量城市都是根据其政治环境或经济环境而进行管理的，并不重视城市的中期或长期发展。城市规划已不再能为城市土地增加多少价值了。人人皆知，它已成为调节公共空间与私人空间之间关系的一种机制，主要为经济利益服务，对城市土地客观价值提升并无多大帮助。

如果我们理解了信息社会的经济是以创新为基础的，那么现在的城市设计是多么不经济、不明智。

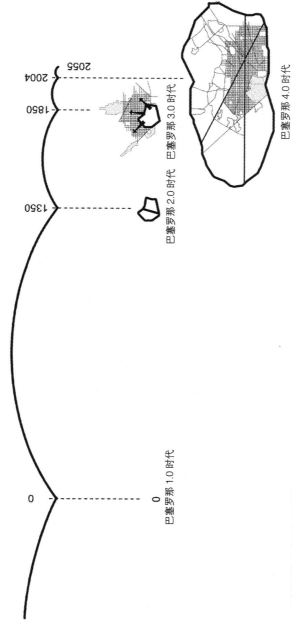

巴塞罗那 5.0 时代

2055
2004
1850
巴塞罗那 3.0 时代
1350
巴塞罗那 2.0 时代
0
巴塞罗那 1.0 时代

巴塞罗那 4.0 时代

巴塞罗那城市建造的不同时期。
城市转型速度不断加快。

至少目前如此。

我们如何令城市增值？

19世纪时，我们通过将农业土地转变为城市土地的城市设计来为其增值，而当21世纪城市改造开始，令城市土地增值的方式就是令其自给自足。

城市是个多层级的系统，除了物理层和功能层外，还应加一个代谢层，其中包含对城市运行所需资源的管理。城市不能成为产品变废品，且只消耗外部资源的地方。我们应通过对建筑和社区的回收利用实现能源生产的本地化，并利用清洁产业在城市内生产商品，用不危害环境的方式在城市或其周边地区生产食品。另外，城市还需新增一个信息层，以实现对城市内所有网络的分布式管理。

我们需要在高速互联、零排放的城市中为网络化城市创建新的模式。这些城市是由自给自足、具备生产力且按照人类步调发展的社区构成。

新的模式既吸收了小城市生活中最优质的部分，也吸收了信息社会中大城市在城市密度和城市活力方面最精华的部分。

许多"慢城市"共存于一个"智慧城市"之中。

与其往一座过时的城市上添加信息层，不如改进城市空间组织方式，应用能令城市在结构上更高效的功能性和流动性创新方式。现在的城市生活被网络延长了，而这是不应该出现的；网络本应该为城市生活的重新设计预留出空间。

不过，我们首先应明确的是城市构造是其运行的共同基础。我们已在没有举行国际会议明确城市构造的前提下，进行了长达5000多年的城市建设，这是一件令人难以置信的事。

如果问利马、巴黎或孟买的医生，人体由什么系统构成，他们会给出一样的答案，罗列出循环系统、神经系统、呼吸系统等构成人体的所有系统，这些是全世界的医学院都有研究的。不过，若去问这些城市里的建筑师，这些城市由什么部分或系统构成，你就会得到不同的答案了。

清楚明确系统中各组成部分是重塑该系统的第一步。

（在欧洲，城市设计将不会再成为在抽象的自然环境中建造领地的方式了。现在的任何建造行为都是对城市和自然既存现实的反映。在城市以外地区，我们不会打乱自然，而是会顺应自然来进行建设。或者直接创造自然，这种做法当然更好。

当代文明所面临的最大挑战就在对现有城市的改革之中，这些城市是全球半数以上人口的家园，改革它们的目的是提升其效率、增强其生产力、并保证未来所建立的新城市，尤其是在亚洲或非洲建立的新城市，能遵守信息社会的新准则。据预测，全球人口在2050年将达到100亿，如果所有新城市都根据现有模型来建造，那么当时就不会有足够的物质能源来维持城市活动了。

我们面临着城市改造所带来的挑战，这些城市将以更开放透明且更多人参与的新方式，建立在其原本的社会历史基础之上。在新城市中，市民将成为有效、多产且能考虑自身发展的新社会框架中的主角。新建的城市将成为人类卓越创造力的宣言。

一座互联的自足城市。

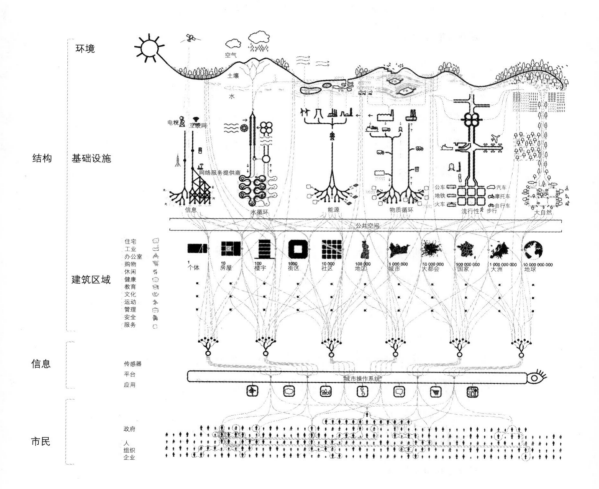

环境　　环境
　　　　空气
　　　　土壤
　　　　水

结构　基础设施
　　　　电视　卫星网
　　　　网络服务提供商
　　　　信息　　水循环　　能源　　物质循环　　流动性　　大自然
　　　　公车　　汽车
　　　　地铁　　摩托车
　　　　火车　　自行车　　步行

公共空间

建筑区域
住宅
工业
办公室
购物
休闲
健康
教育
文化
运动
管理
安全
服务

个体　10房屋　100楼宇　1000街区　10 000社区　10 000地区　1 000 000城市　10 000 000大都会　100 000 000国家　1 000 000 000大洲　10 000 000 000地球

信息
传感器
平台
应用

城市操作系统

市民
政府
人
组织
企业

I3. 网络

一个互联互通的城市是什么样的？它又能否与社会的网络模型共存？城市汇集了其所在区域的大量信息和活动。然而，我们管理城市的方式却极其落后。城市的任一部分均由其形态和功能所定义。相应的体积决定了其相应的功能。然而我们对城市运作如何、其新城代谢如何、其行为模式如何、其与周边区域关系如何却一无所知。

2001年，在加泰罗尼亚理工大学（Universitat Politècnica de Catalunya, UPC）和麻省理工学院（Massachusetts Institute of Technology, MIT）的协助下，一群来自巴塞罗那的建筑师和科学家创立了高级建筑学硕士学位（Master's Degree in Advanced Architecture）。这为加泰罗尼亚高级建筑学院（Institute for Advanced Architecture of Catalonia, IAAC）的创立打下基础。直到2011年成为巴塞罗那市议会首席设计师之前，我一直担任学院的主任。

建筑师威利·穆勒（Willy Muller）、曼努埃尔·高斯（Manuel Gausa）、人类学家阿图尔·塞拉（Artur Serra）、工程师塞巴斯蒂亚·萨连特（Sebastià Sallent）是学院的共同发起人。学院在创立之初就与尼尔·格申菲尔德领导的麻省理工学院比特与原子研究中心（MIT's Center for Bits and Atoms）保持着合作。

我们在学院里开展着多项研究，其中一项研究是通过全球视野观察整个世界和各个城市，并根据网络模型对城市进行全球化再编排。

一座城，一张网。

我们正在寻找一个城市与互联网科技兼容的典范城市。在这个城市中，互联网和城市是相互融合的。它必须兼具多层级性和自相似性，如分形系统一般，各个部分皆相似，整体却大有不同。无论是给1个人还是100亿人创造适合生存的环境，它都适用。它既适用于打造一个生态都市，也适用于打造一个星球都市。传统上，人们认为都市是一大片用于规划的土地，人们在这片土地上建设城市。建筑学即由此衍生而来，建筑学的任务是设计建筑的规模，并在之后设计建筑的内部。土木、工业、通信技术构成了服务于建筑功能的网路。然而，一个多层级性的人居视野要以对任何项目一致的标准分析和设计栖息地。它们根据相似的原则和标准诞生，但又各具特色。

人类栖息地设计的多层级性和自相似性。

现在，城市的建筑主要朝着两个方向发展：对功能相似的建筑进行布局，并留出开阔空间。在它们当中，空间朝着流动性和绿色这两个方向发展。许多城市都规定了建筑的密度，它与这片土地的经济生产力相关。而在其他地方，尤其是英语地区，建筑密度能成为谈判的目标之一。

从住房到公墓和绿地，巴塞罗那城市总体规划把城市用地分为29类。许多基于分区而建成的美国城市也有分类，但数量要少一些。

一个城市的组织和规划居然由如此少的参数所定义，这真的可能吗？丹尼尔·伊瓦涅斯（Daniel Ibáñez）和罗德里戈·鲁维奥（Rodrigo Rubio）在2006年合作出版了一篇名为《超级居住地》（*Hyperhabitat*）[2]的调查，调查分析了不同的分区混合在一块儿后使得教育中心发生了怎样的变化。

如同经典电子游戏《模拟城市》（*Sim City*）一般，我们把分布在世界各地的众多大学看作一个教育系统。这个调查的设想是从一片空白的土地上白手起家建设一个城市，"市长"要用一笔有限的资金建设、发展和管理这个城市。城市必须能够提供基本的服务并具备基本功能：公共交通、电力供应、城市废水处理等。"市长"还要为所有市民提供医疗、教育、安全和休闲服务。

巴塞罗那城市生态工程处主任萨尔瓦多·鲁埃达（Salvador Rueda）[3]对打造城市功能"差异"分区有着极好的解决方法。他研究了国家经济活动的分类，将各类活动分成17个大类（建筑、商业、教育等），其中包含766个类目，而需要收税的经济类活动则包含1059个类目，它们被分为3个大类（商业行为、职业行为和艺术行为），我们还可以在这些类目的基础上进一步拓展，将其分为7大类，2000个不同的类目或活动。根据这些信息，鲁埃达把所有类目展开，对城市功能进行了不同的划分。他据此发明了城市复杂指数，这个指数可以帮助判断在城市基本生态系统的基础上，城市哪些部分更为分化和复杂。城市的区域越分化，这个城市就越好。

这些数字展示了我们这个时代的特征。

如何把城市打造成一张网络？一个地球上的大都市如何才能与互联网相适应？一张网络由存储、消费、联系、传输信息的节点构成，它是一种生态环境，也可以称为一种媒介，包括各种协议在内的信息统治着这张网络。

节点、联系、环境和信息。

想象一下，在人类出现之前，地球是怎么样的。我们能想到各种生物在不同的地质和生态环境下生活，构成了大自然。当人们开始在各地穿梭时，人类便开始追寻一张由道路组成的网络，辨别那些更易到达的地方。第一个定居点、第一个村庄，它们的建立，通常是出于防卫目的。

这些在各地固定下来的节点使得交流路线被固化，因为人们倾向于花最少的力气到达目的地。最开始的路线被用于动物迁徙，人们在这条路线上猎杀动物，随着城市的诞生，这些路线被用于人员流动和货物运输。

我们今天所知的许多城市，最初都是殖民国家设置的定居点，它们被用于控制领土、开展贸易、连接道路、开拓农业或者发展经济。纵观历史，我们发现这些节点之上还存在着种种关于互动的协议（无论这些互动是贸易、资源开发还是防御），那些协议定义了内部运作的规则，也定义了与其他节点交互的方式。地球上最小是城市是什么样的？一个大城市和一个乡下定居点在人员、生活、工作、休息和贸易上又有什么样的区别？我们也能这样问自己：一个被定义为住所的地方应该满足哪些基本的功能？这是一个用于休息的地方，一个避难所，还是一个储藏室？

每一个人生活在不同的城市里。

一个人不能只在住所中生活。我们生活在一个由满足不同功能的节点构成的连续性系统中，我们在这个系统中从事各种日常行为。我们在这个星球上生存，在家中、在社区、在城市、在地区、在全球从事各种行为，以满足作为一个人应有的欲望。在这个真实社会的连续性系统中，我们的每一个行动在各类场合、各个时刻都各具特征。

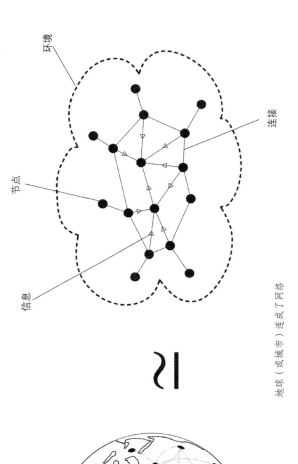

图1

环境

连接

节点

信息

地球（或城市）连成了网络

如果想吃饭，我们能自己一个人吃饭，我们也能跟一群人吃饭；我们能在家吃饭，我们也能在饭馆吃饭；我们能吃一顿简餐，我们也能吃一顿盛宴，但是，我们必须吃饭。如果想学习，我们能自己读书，我们也能去上课；我们能走进大学课堂，我们也能参加各种会议。如果想休息，我们能躺在树荫下，我们也能待在后院中；我们能挑一个小公园躺一会儿，我们也能在国家公园小憩。如果想锻炼，我们能一个人在跑步机上练，也能跟五万人一起跑马拉松，我们还能打开电视，跟十亿人一起看奥运会。

我们每天都会采取一些行动，有时是一个人，有时是一群人，有时是跟着全世界一起做。如何运作一个城市，使每一个个体自在地生活在这个由多层级的系统统领的住所、城市和星球上？如何定义一个改善人类生活的多层级模型？这些都是值得认真思考的问题。我们该如何识别这片土地（从住所到城市）上的各个节点，如何识别连接物理环境和交互信息构成的网络（从流动性到实用性）？

节点、联系、环境和信息。

节点（建筑领域）

任何承载人类生活某一功能的物体或建筑，都是全球网络中具有自身特征的功能节点。

在20世纪，工业化进程改变了许多空间和物体。许多在家庭中使用的器具和机械被浓缩成了一件机器，过去，这些器具在公共场所中使用，能带来许多社会活动。洗衣机消灭了村落广场上的公共洗衣房。烘干机终结了建筑屋顶的部分使命。其他在公共场合使用的机器也变成了家庭机器，如固定自行车和跑步机等。物体浓缩了空间。物体也变得越来越小。小至极限者，成为电脑里的一个软件。家中之所以存在这么多物体，因为它们是一张巨大网络的组成部分，这张网络连接了其他的元素和系统，甚至是建筑。因为冷链系统的存在，所以冰箱有了意义。如果是十个人，有双开门的冰箱。如果是一百个人，有小饭店的冰箱。如果是一千个人，有超市的冷柜。如果是一万个人，有购物中心和大型酒店的制冷设备，甚至是冷藏间。对十万人或一百万人，我们有大型城市的巨型物流冷藏间。

同样，电力行业也存在着很多极端的例子。要满足个人用电需求，我们有电网、核电站、风力发电厂。我们有厕所和污水处理厂。我们有私人书房和书店、图书馆，它可以是满足万人阅读需求的社区图书馆，也可以是美国国会图书馆这样的巨型国家图书馆。每一个物品都可归为某种功能。随着体量的增长，它能从一个物体变成一个建筑，甚至是一个城市。从一个十字架，我们能联想到一个小教堂，从一个小教堂，我们能联想到一个社区教堂，从一个社区教堂，我们能联想到一个大教堂，甚至是梵蒂冈。从一个人到十亿人，他们都被物体、建筑、城市环绕着。从一个穆斯林教徒的毯子到麦加。从一个个体印刷户到大型印刷店，再到印刷之都。从一家小酿酒作坊到一个大型酒类灌装厂。根据现代城市的标准，我们能把人群按数量大小做如下划分：

1人：一间房
10人：一层楼
100人：一栋楼
1000人：一个街区

10,000人：一个社区

100,000人：一个城市功能区

1,000,000人：一座城市

10,000,000人：一个地区

100,000,000人：一个国家

1,000,000,000人：一块大陆

10,000,000,000人：一个星球

这些功能性节点的背后，是科技，每种科技用于某个规模的节点。

举个例子，核电站能满足一百万到一千万人的用电需求。但现在还没人为满足几十人用电需求而专门设计一个核电站。用于解决某个规模人群需求的机制因城市而不同。你能在一家小工匠店买到东西，也能在一家大型购物中心买到东西。在一些历史古城，一些小店通常会坐落于市中心，店中售卖一些当地特产，人们可以步行逛街。在一些依靠车辆移动的大城市，通常在住宅区附近分布着大型购物中心，如一些典型的美国城市。不同的个体需求规模决定了不同的城市模式，它们决定了这座城市的流动性、功能分布和社会互动行为。每一个节点都有产品费用和运作费用，它们会对其所处的经济、社会和环境造成影响。

联系（基础设施）

一张相互连接的网络由基础设施构成，这些基础设施由一系列连接功能节点的线和面所定义，从物体到城市，这些节点有着相似的功能。分析

当代都市，我们能发现六个矢量或圆环连接了每一样东西，也驱动着这片土地的运作。它们是：信息网络、水循环系统（洁净水系统和污水系统）、物资循环系统（物流运输和废弃物处理系统）、能源网络、人口移动和绿色系统。

总体来说，公共空间的利用与生理概念有关，它涵盖了复杂系统的所有网络，其中也包括地下部分。在19世纪城市化进程中，这一空间的扩展提高了人们对都市节点连接合理性的认识。

1. 信息网络：几个世纪以来，通信这个概念一直十分形象，就是信使和信件从一个地方转移到另一个地方。进入20世纪后，电报、电话、广播、电视相继出现，后来还出现了具有划时代意义的互联网。比起电视和广播这类通过一个发射器传达给无数接收者的信息聚集典范，互联网使得信息的传播变得分散，出现了无数的信息发射器和无数的接收者。我们既可以通过铜线传播无线电信息，也可以通过光缆传播电子光谱。

2. 由上水管道和下水管道组成的水循环系统，以及对洁净水系统和污水系统的管理。

洁净水：如同所有自然元素一样，水也有其循环过程，它以固态、液态或气态的形式存在于江河湖海和大气之中，它一直是影响人类聚集地的一个决定性因素。如果没有水，就没有生命，更何况是城市。人们消费的水大致来自于水井、河流、湖泊。现在也出现了海水淡化站。

污水：伴随着19世纪城市化进程，用下水管道分离污水的系统也出现了。几百年来，人们都直接把污水排入江河湖海，或者将其作为营养循环的一部分：食物—消费—废物—肥料—食物。然而，随着城市的密度越来越高，人们必须把废物送到远方做后续处理，以避免对周边环境产生影响。

在当代科技的帮助下，许多城市开始处理其产生的污水，使其能够被再次使用。城市还把固体废物转化为肥料。在一些地方，经过处理的水被称为"灰水"，它们能用于农业和第二产业。洁净水和污水构成了水循环系统。

3. 物资循环系统由提取自自然界的资源、产品、制造消耗、运输消耗和制造产品过程中产生的废物组成。

物流运输：人类运输网络首先被用于运输原材料和货物。然而，尤其是 20 世纪后的产品运输体系使得物流业自成体系，其中包括港口、机场、城市中详细的递送法规、详细的递送流程、路线和管理系统。

废弃物：不同规模的节点（住所、建筑或城市）能用于提供货物、运输食物、制造产品，它们同样也能用于运输废弃物。城市把废弃物运到城外填埋，或者对其进行回收利用，制造新产品，或者用这些废弃物发电。今天，在高密度的都市中心，自动回收机能自动完成这一过程。物流和废弃物构成了物资循环系统。

4. 能源：当前，能源由大型节点制造，它们可以是核电站、风能发电站、水力发电站、太阳能发电站和日渐增多的建筑发电系统。能源网络主要传输电力和天然气。石油通过巨型油轮和管道传输至中转站，最后成为燃料或者各种化学制品。现在，能源网络开始发生从大型节点到类似于家庭发电机等小型节点的结构分化，

5. 人口移动：毫无疑问，这是人类社会的第一张网络。无数脚印创造了道路。路网顺着大篷车的车辙、丝绸之路的驼印、殖民者的货车延伸。同样延伸的还有海路。在城市里，人们为了移动而打造了街道；今天，根据功能的不同，街道被分成了不同的种类：人行道、机动车道、非机动车道、公交专用道、地铁、铁路……在美国，高速公路系统也由于人们在城

市之间移动的需求高度发展成了一张移动的网络。城市的街道和广场代表着人们用于移动的空间；在传统城市中，它们是人们见面的地方，也是社会互动的空间。

6. 绿色系统：19世纪开始的城市化进程和街道建设标志着行道树成为公共空间的一大系统性整体网络。这些网络使得城市不同区域间的生物的信息流动得到了提升，也使得城市的自然环境得到了提升。它们还发挥着一个相似的功能，这些网络是公共空间的环境调节器，它们帮助控制城市的光照水平，调节公共空间的湿度，并提升空气质量。

对网络进行这样的分类是有局限性的。网络连接不同规模的节点，使其得以运作。在每个城市中，发挥主要作用的网络是不尽相同的。从生产大中心（能源、信息和水资源）到消费端点（建筑），当代城市模型的网络以树状图的形式发展。或者也可以反向推之，从无数产生污水的小中心（住所和建筑）推到集中处理污水的中心。每个不同的城市对各个网络的侧重情况也是有所不同的。

在自给自足的城市中，网络系统均衡地连接着许多点，并消除或降低了依靠大型网络将资源从大型生产中心传输到无数消费端点的依赖性。

环境

人们如果有兴趣裸居在大自然中，那就不需要房子或城市了。

修建城市和建筑物是一种控制我们所居住的环境、维持全年稳定的温度和湿度水平的机制。地球上的三大基础媒介是土地、水和空气。

这三者的关系受地球与太阳的位置关系以及月球的影响，形成全球不同的气候条件和景观。从南北极到亚马逊的热带雨林。一处地方的环境状况往往是决定其是否宜居的根本条件。

作为生物的人，尝试住在能够用最少的能源获得必要资源和创造生活条件的地方。史上有名的栖息地，是经过理性思考后才建立的，出能获取水源、得到风的庇护，进则能够守住外来的攻击。大部分城市就是诞生在这些栖息地上的。

中国有风水学。风水是指根据地理环境来挑选最适宜的地方，一开始是用在选墓地葬死人，后来发展来建城、建房都要看风水，要结合地形及东方文化中与地理有关的四大传统要素：土、水、火和气。风水师凭借这些知识，指导人们选址建房。现在，谈及利用本地资源和引导未来向自给自足方向发展，这些跟城市有关的基本论证再次成为决定性因素。

我们都知道，地球是受到太阳的影响而存在的，地球围绕太阳转动，太阳发出光和热，地球才有生物出现。太阳照射的强度不同，形成了地球不同的气候带。由于形成地球的原子之间会发生化学反应和物理反应，这些反应过程就形成了具有相对稳定特征的东西，包括以固态形式存在的陆地、以液态形式存在的水和以气态存在的空气。生命最初诞生于液态媒介中，由于化学反应产生了单细胞生物体，后来变成更复杂的生物体，生物的进化也由此拉开序幕。人类与所有其他生物一样，都是这条链上的一部分。

地球是人类生活的自然环境。地球内部可分为地核、地幔和地壳多层结构。人类活动的地表及地表上的岩石是经过上百万年才形成的。上百万年来，在地质运动的作用下，矿物质变成了沉积岩、变质岩和火成岩三种不同种类的岩石。这些转变的过程非常缓慢，但可以在地震或火山爆发时出现的地壳运动实时观察到。地球含有大量的碳氢化合物，可溶于水中，是有机物在成千上万年的转变中产生的。从古至今，我们从地球中挖掘矿物用于生产各种各样能够用于建造城市的物品。

水是人类生命的根本，因为生物需要水才能存活。水覆盖了地球表面71%的面积，而其中97%是咸水。由于阳光照射，水蒸发成水蒸气，水正是通过蒸发、降水和地表径流这种持续的过程实现循环运动的。水以气态的形式存在云中，以液态存在于海洋、湖泊及河流中、以固态存在于极地冰川和冰山中。地球上70%的水用于农业，20%用于工业，10%用于人类消耗。能否获得水源往往是人们建立居住地的条件之一，所以栖息地最初都是近河或是近湖的。城市中河水和空气中的水蒸气含量有助于判断环境条件是否合适人类居住。

空气中包含多种气体，这些气体组成了地球的大气层。空气的主要成分为氮气和氧气。地球的大气层根据高度的不同可分为多个层次。所有造成我们的气候的大气现象都在第一层，即对流层。在25千米高的平流层，则存在臭氧层，它能保护地球免受紫外线直射，但由于温室气体效应遭到破坏。城市的空气质量由于与人体健康息息相关而得到越来越多的关注，要评估空气质量，主要是测量其中所含的二氧化氮 (NO_2)、悬浮颗粒物 (PM-10)、臭氧 (O_3) 或二氧化硫 (SO_2) 的含量。

优秀的建筑和城市是作为地球上某个地方的历史的一部分出现的，就像是自然的一部分。它们是文明的产物，文明产生了建筑物、街道和城市，城市能够将人们的文化和历史与其周边的资源管理结合起来。它们将这个过程变成艺术形式。

太阳、空气、地球及水和生存系统形成了地球上不同的生态系统，人们在这颗星球上互相交流，打造居住环境。千百年来这种关系维持在平衡状态。然而，工业革命和温室气体的大量排放改变了地球的结构。历史学家迪佩什·查可拉巴提（Dipesh Chakrabarty）[4]提出，人类不再是生物学意义上的人，而是地质学意义上的人，在过去几十年里，人类的行为已经改变了全球的气候，同样地多个火山同时爆发也可能改变全球气候。逆转或改变这一进程的方向只有一种可能，那就是改变我们现在所用的种种系统的核心，用能源和信息来换取环境。

我们必须面对的问题是，这个进程是由人类自身决定，还是由自然用自己的方式为我们做出决定呢？

信息

网络的目标是信息交换。

城市是系统中的系统，是物质和社会结构的重叠，二者组织起来，依据居住者创造的共栖的规则而运转。

一次谈话、一场社会活动之后，一座城市制造出上万亿的信息，作为基于居民日常活动的城市集体建设之用。信息由人们与城市系统的互动产生，它存在于城市的整个生理层面、社会流动、贸易、教育和文化之中。当某些基础设施与其他基础设施互动时，为保证物质和信息的交换圈运转正常，信息也会存在于城市的代谢层。

一座城市就是一个包含有人类的系统。因为包含了物理媒介、居民以及其间产生的信息流，所以它又是一个生态系统。

纵观人类历史，信息交换一直存在于城市之中，现在随着信息社会的到来，信息的交互成倍增长，在城市级别的大系统里这一些信息被产生、存储、处理，赋予新的的智慧，这就是城市的信息再生。所以我们认为在新型城市构造中应该有一个新的层：信息层，这一信息层的分布式系统模式的使用和发展，对自给自足的城市至关重要。

城市面临的巨大的挑战就是如何集成这一些新的信息层，许多现代工业城市以及建立了诸如：火车、地铁、水系统、交通、能源等都有相对独立的信息系统与平台，也有专业的系统来收集数据，并可以相对独立地控制和运行。这相当于在计算机上一个系统打字，另外一个系统画画，还有一个系统用来听歌，因为都是单个的垂直系统，相互独立没有信息交换。所幸的是科技的发展使得现在的计算机系统不管是信息获取（键盘、相机、麦克风等），还是操作系统、应用系统，都可以允许相互共享资源和操作。同样对于城市，城市运行的各自数据和信息的共享，也是在未来数年中城市面临的巨大的挑战和问题。

未来的每座城市都会有自己的城市操作系统（the City OS），建立城市和工业共同确定管理城市信息的标准，让所有城市都有标准的、开放的结构，进行信息共享与管理。通过这一方式，任何城市元素都能被整合进城市之中，如同使用相同操作系统的计算机都可以安装同样的应用程序。

建造一个城市并让其工作起来并非易事。城市有不同的功能和复杂的结构，是人类在地球上建立的最复杂的系统之一。应该建立有效的协议（覆盖到城市生活方方面面，并定义非常态情况下的恢复机制）对城市进行管理和运行，信息社会也为城市增添了一个新的信息层，它可以实时评估城市运作情况，在某些情况下还可以预测城市潜在风险，从而防止风险发生。

从另外一个层面上来说，传统的从政治角度来管理城邦的艺术，就是我们说的是城市协议。城市根据社会互动的规则（由居民通过严格的过程确定下来，户籍制度）而组织起来，城市的建设将人、组织和贸易之间的空间关系固定下来，形成一种共栖关系，以实现与居住相关的种种功能。流动性相关的不同技术所带来的结果是欧洲和亚洲的城市密集，而美国的城市分散。但是城市的每个文化元素都是重要的内在组成部分，个体和集体在其中有着不同的含义，这就是为什么都定下不同的城市、社会或经济协议，来建造城市，并让城市运转起来。

每个国家都有一套政府法规，每座城市的法规也是其中的一部分，它们源自一个特定的经济框架，促进或减少公共结构或私人结构中的领导力。

信息网络在世界上的许多国家里引发了政府管理体系的改变和创新，信息网络将人们联结起来，也让他们有可能给周边的政治带来直接的影响。

创新技术将持续参与到城市相关的管理与生活决策的机制中，我们看到互联网普及结果，一定会影响政府管理和运行系统，信息社会也应当健全信息在社会中的传播机制，从而使其能为智慧的决策而被政府和市民所理解和认知。

城市代码行

剖析一个城市可以从城市的机构开始，如从城市环境、基础设施、公共空间、建成区）、信息和人入手，城市就像是一个大的网络。

想象我们正在绘制一幅城市模型的图。x轴上包含城市的每一项功能，细节应有尽有，通过一个基本的划分将其分为居住区、工作区、设施以及基础设施节点。我们想象y轴上有不同的规模，如前所述，从个人规模直到行

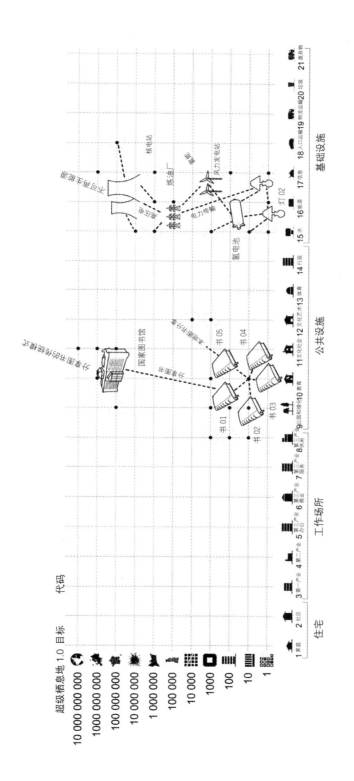

超级栖息地 1.0　目标　　代码

10 000 000 000
1 000 000 000
100 000 000
10 000 000
1 000 000
100 000
10 000
1000
100
10
1

1 家庭　2 社区　　3 第一产业　4 第二产业　5 第二产业 6 第二产业 7 第三产业 8 第三产业 8 第三产业　9 公园和绿地 10 教育 11 文化社交 12 文化艺术 13 体育　14 行政　15 水　16 能源 17 信息 18 人口运输 19 物流运输 20 垃圾 21 废弃物
　　　　　住宅　　　　　　　　　　　矿业　办公　服务　服务　休闲
　　　　　　　　　　　　　　工作场所　　　　　　　　　　　　公共设施　　　　　　　　　　　　　　　　基础设施

国家图书馆

书 01　书 02　书 03　书 04　书 05

电网控制中心　电站
电厂控制　电力输送　风力发电站
核电站
炼油厂
氢电池　电力传输　灯 02　风景

星规模。在这个图上，我们应该能够描绘出世界上的任何物体和建筑，因为它能符合一个具体的功能，并为特定数目的人所使用。模型图的第三个维度能将所有功能相同并且规模相当的节点聚集起来，不论其地理位置如何。

任何人类行为一经做出，就会激活一个或多个节点，以及它们之间在基础设施上的联结，如此一来，从一个节点到另一个节点之间，在规模上会有一个跳跃。

节点的生产也是自给自足性的向量之一。假设我们需要将一个番茄从生长地运送到某个人的冰箱里，方法有几种，如果番茄生长在巴西的一个为成百上千人供应食物的大农场里，那么当地的物流网络会用卡车将番茄运往港口，数百万吨的农产品经过那里，供应给数百万的人，随后它将被送上船，船上装着供给数千人的食物，来到一个接收数百万货物的港口，到达港口后，它将被送往一个能服务成百上千人的中心市场，在从那里送到一个接收数千人的货物的市场。在那里，它最终被卖到一家当地商店，商店为几百人供应商品，其中一人将番茄带回了自家冰箱。一段严肃的旅程。

从能源的角度出发，有一个代价较小的方法，即一名本地农夫为数百人生产粮食。他把货物收集起来，装上卡车（卡车里的食物可以供应数百人），将番茄运送到一个向数千人售卖货物的市场，在那里，某人买下了它，带回自家冰箱。

还有一个规模更小的方法，即城市里的某个人在自家房前的花园里种下番茄，待它成熟时，便将它摘下，然后它直接进了冰箱或被呈上餐盘。

最终结果都是一样：某人的冰箱里多了一个番茄。但过程带来的社会、环境和经济影响却大相径庭。每一个组合都需要有一种不同的方式来

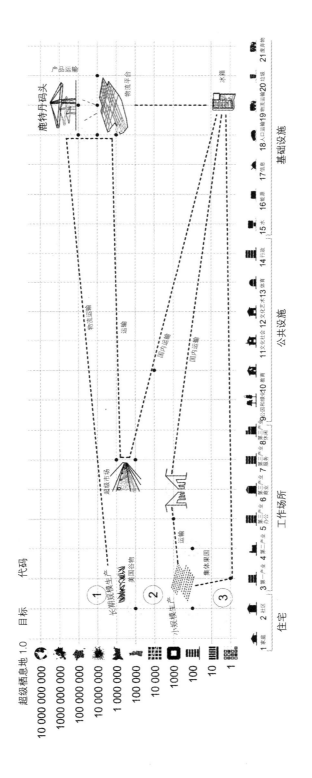

超级稀息地 1.0   目标   代码

10 000 000 000
1 000 000 000
100 000 000
10 000 000
1 000 000
100 000
10 000
1000
100
10
1

产品运输

鹿特丹码头

物流平台

物流运输

运输

国内运输

国内运输

冰箱

超级市场

美国谷物

长期规模生产

小规模生产

运输

集体果园

住宅   工作场所   公共设施   基础设施

1家庭 2社区 3第一产业 4第一产业 5第二产业 6第三产业 7第三产业 8第三产业 9第三产业10 教育11文化社会 12文化艺术13体育14行政 15水 16能源 17信息 18人口运输19物流运输20垃圾 21废弃物
办公 商业 服务 休闲 公园和绿化

对地域和城市空间加以组织。

一把椅子可能产自中国（1到100万的规模），或是产自在一个为一百万人制造椅子的工厂，也可能产自附近一幢建筑底层的一个作坊（1到100的规模），在那里，人人都可以打造出自己的椅子。

从一个节点到下一节点的每一次跳跃，都包含了一个或多个网络，生成一行指代某个函数关系的代码。

能源可能来自邻国的一个核电站（1到1000万的规模），也可能来自我们住宅的屋顶（1到100的规模）。

任何有关人类活动及相关空间如何组织的决定，都暗含一种不同的生活质量，一个不同的成本/收益比。不过重点不在于每个市民应该只顾自己，重点是运用本地能源生产的内在潜力，以信息网络带来的知识为基础，让生产过程以及与生产资源相关的经验被用于创造一个整合度更高的社会。

基于互联的自给自足模型的城市再生，需符合如下条件才有意义：允许人们对自己的生活有更多掌控，并且作为社会网络的一部分，它能带给人们更多的力量。

将世界再编

我们如何基于互联网络的居住模式来将世界再编排？

代码行从大规模的结构（来自工业时代的资源生产中心，始终预备着向数百万人提供能源、水、食物或产品）向由个体组成的小规模的结构流去，这就是工业社会的运转方式，符合近几十年来城市的建设逻辑。相反，信息社会将人与人相连、物与物相连、建筑与建筑相连，社区与社区相连，使得资源的流动发生在小规模的节点之间，基于数千个有着类似属性的节点之间的互动，系统得以"出现"。

如果这个星球上的每个节点不论规模如何，都有一个数字身份，并且有能力管理信息，那么一切就都能彼此互联。

将世界再编排意味着重写我们每日行为的代码，提高行动效率，减少资源消耗，管理更多的信息。以及促进社会的进一步整合。

这一编排过程由人、公司、组织和政府依据各个领域的管理规则来进行。

通过这种方式，资源的流动就能从当前的模型——该模型联结大规模的生产节点，以1到100万乃至1000万的规模运行，并以100、10或1的规模为消费者服务——演化成这样的模型：有着相似规模的节点（1、10、100、1000或10000）产生并消耗与类似节点共享的资源。

生产资源所必需的信息将流经信息网络，并将被共享或出售。为了达成这一点，人居领域将不得不基于新的人文主义原则，并使用我们这个时代的技术和文化潜力来重建。

这是"一切的互联网"。如果互联网的分布式模型被用于缩小我们日常行为的规模，被用于能源、水管理、制造或健康服务等领域，那么我们需要对城市做一些修改，使之在新的原则上运转。

由此而论，我们物理环境的再生如想得到发展，建筑学和人类栖息地组织是相关的学科，将新的经济形势和社会互动纳入其中。

大城市、小城市、邻里社区、公共空间、城区、建筑和住宅。

互联的自足城市。

自给自足
的城市

1. 住宅（1~10）

信息社会如何改变市民私人生活领域的居住环境？住宅在互联的社会中有哪些新的运作方式？

住宅是人们居住环境的核心，是所有人的权利。诚如马歇尔·麦克卢汉（Marshall McLuhan）[5]所言，住宅是人类肌肤的延伸。

互联网使人们的交流互动能力突破私人领域，扩展到全球范围。按传统教条的说法，城市是人们居住、工作和休息的场所，是商贸和聚会的场所。然而，新技术的出现，城市的所有这些功能都有可能在人们的家里实现，这点前面我们已有所提及。住宅融合了城市一些网络中个体层面的节点，包含了城市神经系统的神经末梢。

我们在20世纪见证各种功能的"物化"过程。过去许多要求在特定空间用某种基础设施完成的活动，现在能够借助机器完成。现在大部分家庭中都有洗衣机，正是洗衣机的出现，使得城镇广场的公共洗衣池及其相关的社交活动都销声匿迹。跑步机取代了田中跑步。许多与实体空间有关的活动，就算尚未完全被计算机取代，也是部分被取代了，因为计算机能够以虚拟的方式来完成这些活动。此外，物体的体积也越变越小。

媒体屋项目[6]

2001年，高级建筑学硕士学位初设，我们和麻省理工学院比特与原子研究中心联手开发媒体屋项目。也正是在那时，我们开始和麻省理工学院媒体实验室"思维之物"（Things That Think）项目主任尼尔·哥申菲尔德（Neil Gershenfeld）[7]合作。麻省理工学院的媒体实验室或可谓当时最重要的数字技术研究中心。

我们想开发一款融会欧美两股文化力量的信息化住宅原型。美国文化专注于从一些不同的设计中研发出通用物品和通行技术，而欧洲文化则更侧重于空间问题，能够把公共资源和个人资源结合起来运用到未来住宅的试验中。

20世纪初，电力和饮用水的出现改变了住宅的实体空间，住宅的空间变大，功能变多。同样，随着新兴信息技术的发展，我们旨在研究信息技术能够带来哪些功能或空间的改变。

尼尔提议使用其研究中心基于世上最小的IP服务器开发出来的技术。20世纪70年代，互联网服务器要占用整个房间，耗资上百万美元，而现在服务器能够做成一美元硬币那般大小。

该套技术的理念是在居家物品中嵌入微型服务器，微型服务器之间形成网络，最终形成分布式计算系统，打造出智慧住宅。住宅的智慧不在于某一特定物体中，而是在于居家物品之间的关系。这个项目设定，如果住宅中的每种元素都有一个数字ID，那么住宅中的一切都能通过楼宇网络与其他物品实现非中心化互联。就这点来说，楼宇网络的建设应该与其实体结构的建设同时进行。

20世纪20年代，混凝土结构出现，建筑物的形态开始与其结构脱离，开放式布置的建筑理念应运而生。建筑物中的各种机械系统都藏在天花板吊顶后，其他元素则由不同的专业人员安置在楼宇不同层次的结构中。

不过，正如自然系统会对能源消耗的优化做出反应，生物的形态与结构也遵循同样的逻辑。而且在大部分情况下，这两者会在同一元素中不期而遇。

安东尼·高迪（Antoni Gaudí）设计的建筑常被引为例子，用以说明形态是从塑造建筑的各种力量中直接产生的，以及不同的功能系统可以整合到单一个建筑元素中。

我们在项目中提出搭建立体网络，这个立体网络包括用于定义楼宇实体结构的杆子，嵌在管道中的能源结构和逻辑结构。任一和电有关的元素都能直接和整个网络连接或断开，系统也能识别新添加的元素，并能调整配置以实现交互。从这点来说，没有哪个元素控制整个住宅，相反，是许许多多具有最小量智能的元素之间的互动产生了智慧。

马文·明斯基（Marvin Minsky）[8]是人工智能的先驱之一，在其著作《心理社会》（*The Society of Mind*）中，他指出当自己发现上百个非智能元素（神经）之间相互作用产生了智能时，感到非常惊讶。我们也是采用相似的方式，这种方式与某些建筑中仍在使用的集中式控制的"家庭自动化"（domotics）系统迥然不同。在"家庭自动化"系统中，建筑物的智慧由一台中心电脑控制，电脑发出号令，启动一系列机制，其弊端在于一旦中央电脑崩溃，整栋楼宇就"死机"了。

如果我们想赋予物体智慧，以便能够衡量它们的价值（利用传感器），达到控制它们（利用驱动器）的目的，我们需要知道住所实体空间中所包含的物体可分为哪些类型。只有清楚物体的类别，才能决定要测量和控制哪些参数。办公楼的空气循环系统是个活生生的例子：我们现在能够知道某一空间的温湿度（利用传感器），并使用大气喷射（驱动器）来控制空气环境。大气喷射可释放出预先处理过的空气，从而保证（如果一切正常运作的话）满足用户需要的恒温恒湿水平。

我们得出这一结论：如果把住宅的内部空间细分到立方毫米，看看每立方毫米的空间里都包含哪些东西，我们其实只能找到六种不同属性的元素：生物、物体、空间、网络、边界和内容。这六种元素都可以用不同的参数来测量，而如果我们想要改变它们的行为，也需要定义不同的驱动器。

显然，为了能够建立不同元素之间的关系或设定元素行为的算法，我们应该理解何为智慧，一个空间能创造多少种智慧，以及在控制住宅中的不同元素的过程中会引发哪些社会、情绪或经济关系。

媒体屋项目于2001年9月在巴塞罗那鲜花市场首次展出，并在随后的几年逐步开发。

在项目的整个开发过程中，我们建造了一个空间结构。在这个结构里，所有物体可以互联，位置可以任意转换，同时利用内嵌的微型服务器保持物与物之间的逻辑关系不变。它让人们能够体验到具备某些数字系统特征、一切都可进行重新编排的住所。这种住所与传统住宅刚好相反。在传统住宅中，所有物体的功能和位置是固定的，与提供其能源的电力系统捆绑在一起。

我们所建立的房屋是由分布式的电脑控制的。

媒体屋的建造原则是"房屋即电脑，结构即网络"。

融入住宅中的电脑

除了结构，我们也针对住宅的空间和功能做了新的试验。

我们模仿20世纪初个人住宅中的无线电报室，设计了一个专用于远程通信的空间，并称之为"色度房"（croma room），其中布置有用于视频会议的摄像头和用于任何对话交流投影所需的蓝色屏幕。

我们还设计了儿童天地，孩子们可以在墙上涂写，随心所欲地控制空间，不像传统房屋的传统布局那样，后者不允许在墙上涂画。这块天地能够记录下画作、图像和存储记忆事件。

卧室则被改造成一个光疗场所，这里的灯光颜色会随人们的心情而改变。努里亚·迪亚斯（Nuria Díaz）指导的一群学生开发了一种界面，可与住宅以及住宅中所安装的不同媒体系统发生交互。

浴室是个兼具美容与医疗功能的小型实验室。厨房及其水培花园则是人们根据他人共享的知识制造食物和改造食物的场所。工作区则是致力于生产知识及与他人交流互动的地方。

我们在项目中也尝试了擦除电脑在住宅中的痕迹。分布式计算系统见证了电脑如何变成一个个能够置入居家物品中的小玩意儿。随着生产成本降低及扁平化生产，屏幕也越变越大。在新型住宅中，电脑消失了，内容占据了空间。

这个项目也意在向人们展示创新成果并征集建议。建筑师安瑞科·鲁伊斯-格力（Enric Ruiz-Geli）设计了一场表演，把一天的日常活动浓缩成一个小时，这样参观者可以一窥房屋的运作方式和房屋创造者居住其中的场景。

0代互联网：物联网

媒体屋项目中的0代互联网（Internet 0）指的是嵌在住宅居家物品中的微型服务器所形成的网络。由工程师塞巴斯蒂亚·萨连特和人类学家阿图尔·塞拉创办的I2Cat基金会是项目的合作伙伴之一。这个团队的目的是推广高速互联网服务，如高清互动视频，向社会各界介绍这些服务。

媒体屋也装有2代互联网网络。

开幕式那天，阿图尔在午餐时问尼尔，用微型服务器传输数据，速度是多快。他提出这个问题，是想引出网络现有速度的话题，当时人们在争辩高速网络的运用。面对阿图尔的坚持，尼尔提出如下论点：在屋里，电灯开关和电灯之间的关联，或者恒温器和供水系统之间的关联，并不需要视频信号，后者确实需要大带宽。它们之间真正需要的是保持永恒的互联，并对其他感应器及资源发出的信号做出反应。

"如果你的是2代互联网，那我们的可谓0代互联网。"尼尔一锤定音。

最后，事实证明尼尔的定义非常出众，并且成为麻省理工学院与一些国际伙伴共同合作的一项研究的名称。0代互联网主张，除了现今许多人所使用的通过ADSL拨号或光纤上网的互联网，还存在另一种能把不同物体互联起来的超低速网络。

这种网络将上万亿只有"开""关"两种可变状态的元素连接起来，测量元素的实际状态，并将其状态传递给相邻的元素，同时提供其位置信息及其可连接性，从而改变驱动器的状态。

在商业互联网和社交互联网到来之际，基于0代互联网等技术的物联网也出现了。

为了让这个蓝图得以进一步发展，开发出感应器和驱动器还不够，它们只是将数据传递给控制住宅或城市不同部分的集中式计算系统的电脑。电脑控制系统的算法应该是分布式的，这样如果系统的某个部分崩溃，其他部分还能继续正常运作。

系统的逻辑性能应该随着实体结构的扩大而增强。物联网的"杀手应用"，把解决方案的开发提升到全球层面的"杀手应用"，应该是建筑物中的能源网络和城市的能源效率。

能源网

在加泰罗尼亚高级建筑学院成立十年后，我们启动"能源网"项目，角逐诺瓦拉奖（Novare prize），该奖由西班牙最大能源企业恩德萨公司组织。项目旨在开发基于管理住宅、楼宇、街区和城市中产生和消耗能源的元素信息的"能源网"。

规模最大的电力公司从巨大的发电中心（1到100万人的规模）向楼宇供电，但事实上它们对楼宇内部的电力消耗情况知之甚少，因为电表往往安装在住宅的内外分界线上。用水情况也一样。如果能够同时对成千上万个住宅的节能情况进行管理，或者能够预测用电高峰期，抑或能够限制住宅中某种元素的不用电（带有一定程度的经济补偿），那将能够限制某个时间点的用电高峰，提高城市的能源管理。这也是所谓的"长尾"，大量的微耗电点会极大地影响大型电网的管理。

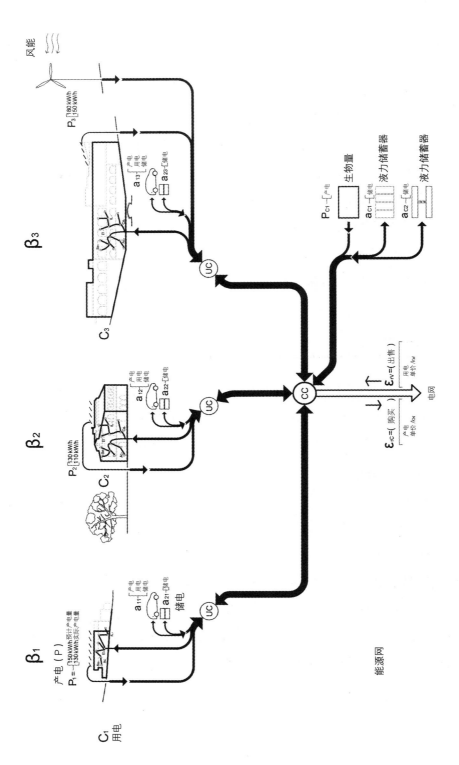

风能

$P_3 = \begin{bmatrix} 80\,kW/h \\ 150\,kW/h \end{bmatrix}$

β_3

C₃

$a_{13} \begin{bmatrix} 产电 \\ 用电 \\ 储电 \end{bmatrix}$ a_{23} 储电

UC

生物量

P_{C1} 产电

a_{C1} 储电 液力储蓄器

a_{C2} 储电 液力储蓄器

$P_2 = \begin{bmatrix} 130\,kW/h \\ 110\,kW/h \end{bmatrix}$

β_2

C₂

$a_{12} \begin{bmatrix} 产电 \\ 用电 \\ 储电 \end{bmatrix}$ a_{22} 储电

UC

CC

$\varepsilon_{IVC} = ($出售$) \begin{bmatrix} 用电 \\ 单价 /kw \end{bmatrix}$

$\varepsilon_{IIC} = ($购买$) \begin{bmatrix} 产电 \\ 单价 /kw \end{bmatrix}$

电网

产电(P)

$P_1 = - \begin{bmatrix} 150\,kW/h\,预计产电量 \\ 130\,kW/h\,实际产电量 \end{bmatrix}$

β_1

C₁
用电

$a_{11} \begin{bmatrix} 产电 \\ 用电 \\ 储电 \end{bmatrix}$ a_{21} 储电

储电

UC

能源网

实际上，未来几年，能源定价将取决于能源来源以及发电处和用电处之间的距离。这样，不同的家用电器在一天当中不同时间的用电，电价会不同，这样做的根本目的是降低用电高峰需求。能源会释放出包含电价信息的信号，这样，产生和消耗资源的每个节点上都带有主动信息，个人可以根据每个消耗点来做决策，而不是像现在这样根据整个住宅的情况用电。这种方式将提高电能消耗的分辨率，使整个电力系统的管理更精准。

能源网将从耗电单元（与每户的旧电表相关）和耗电社区中区分出耗电点（任何用电元素），以便形成本地能源微电网。

如果不同的住宅或楼宇能够本地发电，那么每个住宅应该按事先编制好的原则，决定把电用掉、储存起来（存到电动车或蓄电池中）或卖给社区。

在加泰罗尼亚高级建筑学院微观装配实验室和加泰罗尼亚理工大学，我们一直致力于设计能够本地生产的低成本小型内置电脑网络，以实现使用不同标准的开放代码，如Andunio或0代物联网本身，推行个性化的感应器网络。

将世界再编排

2008年，我们受邀参与第十一届威尼斯国际建筑双年展，本届展会的主题为"建筑不仅仅是楼房"[2]，策展人为亚伦·贝茨基（Aaron Betsky）。为了参展，我们依据超级居住地原则设计了一个作品。在参展作品所打造的住宅中，所有物体都能发出呈现自身形状的X光，并都装有一小块0代互联网服务器和滑动式开关，可改变物体所选功能的等级。物体之间及物体功能等级之间通过一块小感应器建立起关联。人们可从巨大投影上看到物体之间的关联数据，以及虚拟城市中不同等级的节点之间的关系。这些可视化数据由西班牙Bestiario公司开发。

通过这个项目，我们想象在不久的将来，世界上每个物体和每栋建筑都拥有一个数字身份（ID）[译者注：中国武汉的一个智慧城市和物联网的研究团队也提出了"万物网"的概念，希望建立一个世界万物的编码规则。另外，中国住房和城乡建设部的国家智慧城市试点指标里面也设立了基于建（构）筑物的基础公共数据库，希望给城市的每一个建（构）筑物一个ID，这个ID可以关联到居者的人以及代表经济信息的企业，这样将大大提高城市的管理和运行水平]。市民能够在网上注册他们拥有的实体物品，以形成可共享资源（图书、工具等）的社群。最理想的情况下，同一城市的组织机构能够共享平常闲置的礼堂或会议室。事实上，每座城市、每个区域都有自己的超级居住地地图，与城市或区域中的物体和建筑相连，以促使形成新的代码行，定义它们之间的功能关系。

虽然到目前为止，经济仍然是基于商品买卖，但有了准确信息，商品交换的不同关系就可以建立起来。物品可以买入、出售、分享、借出或扔弃。所有这些情形都属社区特征，因为社区拥有更多的社交活动，且购物中心不是唯一的聚集地。在危机时代，由密集型社区组成的城市会出现许多与时间银行有关的现象，人们在时间银行里交换具有一定价值的工作时间。

谷歌创办者决定他们想要把互联网"下载"到电脑上（他们做到了），同样地，我们想把物理世界"上传"到互联网上。

这种方式能够激发人们掌握或管理节点的能力，从宾馆到体育馆，从生物发电厂到小型污水处理厂，从厨房到社区学校，等等，从而形成城市中新的功能交互方式。这将促进社会交流，这种社会交流反过来又能增强处于同一区域中的人和组织之间的相互关系。

物体的物质史

星球上的每个物体都有其物质史和形态谱。

一切物体在物理结构上都是互不相同的。每一个具体的物品都是在特定时间里、使用特定材料、由特定的组织或人、基于特定的设计制造出来的。这个制造过程对地球上某个特定地方造成社会、环境和经济方面的影响。随着全球化的出现，我们无从追踪每天所使用的物品的来源、制造方式和制造商。食物也有相似的历史。

木材工业制定了森林认证（FSC）标签，用以评估木材生产对环境所造成的影响以及评估其是否属于可持续生产循环中的一部分。不过，除了使用较为普遍的标签，每件木制家具所用树木的地理位置、制造地点、制造厂家、运输方式以及（可能的话）买主信息应该都要有所记录。

许多情况下，某些物品是基于其他物品延伸出来的；有的是出自某些设计师之手，有的则是某一商业文化或本土文化的产物。

在"智慧城市"中，我们应该能够追踪周边任一物品的所有信息。这些信息让我们了解自己是否能识别出自己所拥有的物品价格之外的其他价值。

物品应该保证自身是自然循环的一部分。

应该确保它们源于自然，回归自然，无论是回收、转换成其他物体或是在自然中降解。

如果我们遵循"超级居住地"（Hyperhabitat）星球的逻辑，那么物品应该拥有一个制作成本极低的数字身份，有一个能让它们去周围其他物体连接起来的IP地址。每件物品都该安装认证系统。基于这个系统，我们能够从类似维基百科的物品百科库中，获取每件物品的专属网络信息。物品百科库收录汇编星球上每个功能节点的物质史和形态谱。

住宅提升城市质量

住宅能把人联系起来，而非把人分隔开来。每天都有越来越多的个人节点通过信息网络尤其是社交媒体与其他节点发生联系，共享资源和信息。

就像我们写电子邮件，想发给多少人就发给多少人；在脸谱网上，我们和素未谋面的人做朋友。那我们能够如何利用互联网来促进本地交流和建立社区呢？建立社区并且认同自己的家庭和社区，是让意义回归城市，让城市更加宜居、更具安全感的关键。

纽约房屋保护和发展局公共房屋管理署前署长杰莉莲·佩丽恩（Jerilyne Perine）2007年访问了高级建筑学院硕士学位的房建工作室。她告诉我们纽约公共房屋管理署是如何在出现高通胀和能源危机的20世纪70年代设立起来的。该署的设立目标是建造和管理经济适用房，让城里人能有所居。她认为，如果能够解决以合理的价格获得房子（买或租）的问题，市民会考虑经商、成家，这样人与人之间的关系得以巩固，城市也变得更有安全感和凝聚力。

为社会有需要的人群建房的政策在纽约取得巨大成功，至今仍然作为重振衰落地区的手段。

住房常被视为投资积蓄的另一种方式。许多年来，住房一直被定义为一种产品。住房需要买，因为它们就是被造出来卖的！银行在其中也起着推波助澜的作用。在过去几年里，西班牙的房屋面积大小取决于土地价格和银行基于个人收入同意借出的贷款数额。

在卖方看来，住房就是一种商品。

可居住性应该将交通考虑进去。电动汽车就是一种私有交通工具，差不多是市民唯一能买到的。不过，还有其他可承载人员流动的工具，如火车、公交车、飞机和公共自行车，这些就不用购买。

当然，住房也是差不多道理。我们应该多建一些出租房、集体房、一代人或多代人共住房，科学家可下榻的酒店、游客旅社等。不同类型的住房推销的是不同住宅空间及其功能之间的关系。

从历史看，有房屋就会有壁炉，这似乎是一种古老的仪式。纵观历史，房屋会设置实体空间的界限，从感官上分出不同的功能区，错开视觉、听觉和嗅觉，让不同个体可以开展不同的活动。现在的房屋遵照的是20世纪20年代包豪斯学派设计的功能参数，这种参数定义了20世纪的厨房和浴室的模样，并制定了最小维度。

21世纪的房屋应该具备什么基本功能呢？2002年，我们在加泰罗尼亚高级建筑学院开展研究，试图理解住宅的组成部分并确定其基本元素。你的家是否就是有床、有衣柜、有厨房的地方呢？

每个住宅应该实现至少13种与物品有关的功能，具体如下：

睡觉——床

储存——橱柜

洗浴——淋浴设备

排便——马桶

工作——电脑

娱乐——电视

饭厅——用餐

清洁——洗涤槽

做饭——厨房

吃饭——桌子

休息——扶手椅

洗衣——洗衣机

保存——冰箱

健身、学习或购物等其他功能跟房屋没有关系，这些活动跟社区有关。

在西方国家的城市里，几乎任何一个供人睡觉的地方都能实现上述所有功能。不过，这些功能的不同布局、个性化程度和管理体系，区分了某个地方是住宅还是宾馆，是疗养所还是教养所或监狱。

哥伦比亚大学建筑、规划与保护研究生院院长马克·威格利（Mark Wigley）跟我介绍了"百万美元街区"（Million Dollar Blocks）[9]项目，这个项目绘制出美国已获罪罪犯人群的地理源头。他们发现联邦政府不建经济适用房，而是把原本要建房的资金挪用去建监狱——另一种住所。项目得出的结论是，如果把这一百万美元投入到大部分在押罪犯所长大的城市街区，用于建设教育或社会基础设施，那会从一开始就阻止他们踏入牢门。

居住并不意味着购房。居住意味着通过一系列以不同频度实现的功能来规划人作为个人和集体中一分子的发展。

但是城市设计常常忘了其身份是推动可居住性和交流互动，而是成为一个机制，处理城市用地转变过程中产生的利益和负担。一个专注于人类适居性的信息化城市设计应该推动住户更积极地参与活动，使他们融入成为社区成员。

为做到这点，关系适居性的网络要有能力实现。现在，人们在设计城市时，都假定电力可从其他地方引入。不管是从邻国的核电站输入，还是通过水下输气管道从不在意把这笔自然财富转化成推动居民经济和社会进步的国家输入。

城市提供实体公共空间确保人们能够流动，同样地，城市除了建立集体交流互动的系统，还应该确保人人都能用上信息互联网。面对信息社会带来的文化改变，公共部门处于完全被动的状态。社会团体（如个人或公司）也一直在被动消费大企业在互联网上所炮制的内容。

住所就像一座微城市，它应该能够实现所有城市管理者所承担的功能。但网络带来的变化，并非换汤不换药，它不只是一种让一切变得更有效率的新途径。如果我们能够提高管理住宅中所含的可共享信息的能力，就能改变周边环境。

共享空间的大公寓楼

许多西方国家的房屋建设管理条例已经过时了。

这些房建管理条例的制定对象是可供许多人同住、占地面积极大的住宅。现如今，家庭单元已不同昨日。西班牙21%的家庭只有一个人在居住。而只隔出一块封闭区域作为浴室用的架空层，会被视为非法住房。

通过共享可用资源的信息，从而和附近其他单元一起共享房屋资源，

休息　储物　清洁　打扮　健康　烹饪　清洗　清洁　保鲜　用餐　放松　娱乐　工作
床　衣柜　淋浴室　盥洗池　马桶　厨房　洗碗池　洗衣机　冰箱　饭厅　扶手椅　电视　电脑

拥有共享空间的
大公寓楼

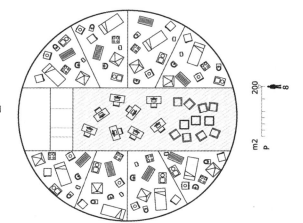

对比图：
拥有空间的大公寓楼
VS 微型公寓楼

微型公寓楼

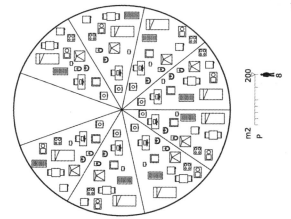

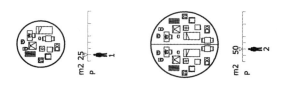

是提高城市管理效率的极佳办法，有时还能避免公共资源的消耗，增强社会凝聚力。

这恰恰是互联网的一个范例。音乐、视频、文本和其他数字资源是互联网的一项重要应用。纳普斯特（Napster）改写了音乐的历史，因为它表明，除了购买和销售唱片，音乐还可以按其他规则来组织。

2002年，我们以"现代新城邦"（Sociópolis）[10]为框架，成立"共享大厦"（Sharing Tower）项目。共享大厦在2003年的瓦伦西亚双年展首次亮相。其理念是，正如其他资源能够共享，实体空间也能共享，实现"用更少的空间做更多的事情"。

在20世纪20年代的苏联，建筑物多建成纳康芬公寓楼的形式。纳康芬公寓楼的厨房是公用的，其设计师为莫伊谢伊·金兹伯格（Moisei Ginzburg），设计于1928年。容纳多达100来人的集体一起做饭用餐，这样的空间代表了解构传统家庭结构的社会主义理想。

和100人共用一个厨房是不现实的。它顶多是公共厨房，就像餐馆或宾馆，或是军事基地。这种厨房需要受某种超越人际关系之上的东西来管理。

有了共享大厦，我们就明白了实体资源可供4人、8人或最多16个人共享。共享空间来自于自愿结合，包括本可能是私有空间的自愿结合和个体活动的自愿结合。简单来说，我们发现，共享一处实体资源的人数，是定义其意义的根本。

城市里几十个学生同住在公寓里。众所周知，这是不合法的，因为（总的来说）这意味着私下付钱给出租公寓的人。在巴塞罗那埃桑普勒（Eixample），常常有成群的学生共用三四个床位的房间。令人难以置信的

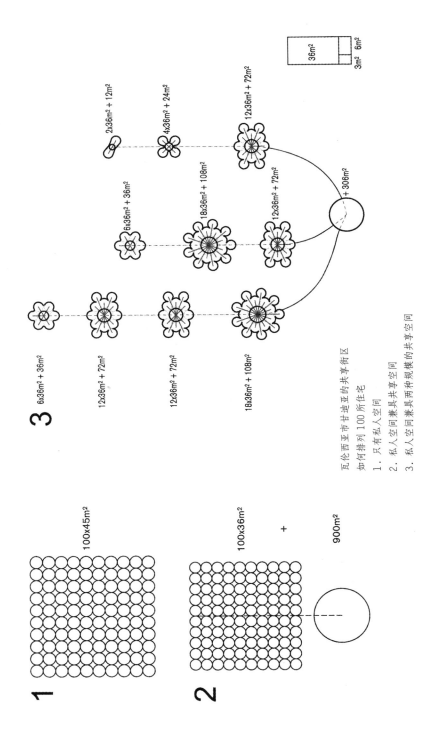

36m²

3m² 6m²

3 6×36m² + 36m²

12×36m² + 72m²

12×36m² + 72m²

18×36m² + 108m²

2×36m² + 12m²

4×36m² + 24m²

12×36m² + 72m²

6×36m² + 36m²

18×36m² + 108m²

12×36m² + 72m²

+ 306m²

瓦伦西亚市甘迪亚的共享街区
如何排列 100 所住宅
1. 只有私人空间
2. 私人空间兼具共享空间
3. 私人空间兼具两种规模的共享空间

100×45m²

100×36m²

+

900m²

1

2

是，尽管群居是解决居住问题的有效办法，年轻人总这么干，但竟没有人设计过专门用于共享的公寓楼。

我们的共享大厦项目始于如下想法：与其设计45平方米（西班牙法律规定的最小面积）的小公寓房，每个年轻人都能使用一切居家所需的资源，我们可以建立共享的"大公寓楼"，这里的住户会有一些个人资源，他们可以在专设的公共空间一起分享。让我感到惊喜的是，2003年新出台的房屋规划中有一个条款，准许建造将20%的表面区域与其他单元共用的小公寓房。这里所说的表面区域指原本每层用作洗衣房或其他类似设施的地方。

在我们的项目中，我们计划公寓楼中每层楼都有不同的配置。资源可供2人、4人或8人共享，可以弄个公用厨房、客厅、或某个固定小团体的办公室。此设计专门针对共享型大公寓楼，而非微型公寓楼。

我们依据新法律，在瓦伦西亚的拉托雷区（La Torre）选址，开发共享大厦。这个项目被纽约现在艺术博物馆建筑与设计策展人特伦斯·瑞莱（Terence Riley）选中，参与主题为"现场"（On Site）[11]的西班牙建筑展。"我会想住在那个楼里。"特伦斯说道。

差不多同一时间，我会见拉蒙·卢伊斯（Ramón Ruiz），一位很有创新精神的企业家，他也得出同样的结论，在留作公用的地皮上建出租用的经济适用房，这一模型可用于建造年轻大学生的宿舍。

技术可以把不相连的物理实体连接起来，形成另一种秩序的实体，这种秩序发挥出比各部分的总和更大的作用。断点宾馆（discontinuous hotel）就是这种建筑理念的另一个例子。在威尼斯、巴黎、巴塞罗那和其他城市，有大量网站提供短租公寓房，其中大部分是不大合法的。断点宾馆的功能是一个晚上可以在多处地方过，这是通过网站本身来实现的。不同于搭个电梯从一个房间换到另一个房间，你可能得打个出租车。

远程办公

居家办公是信息社会的另一个重要范例。在《工作的终结》（*The End of Work*）**12**一书中，杰里米·里夫金（Jeremy Rifkin）已指出，在信息社会，确实在干活的人，将干很多活。另一方面，也会有大批人没有工作，知识型工作者与网络互联，在很多情况下，人们的房子也将是他们的办公场所。对不少人（如自由职业者）来说，一直是这样。但现在，父母和孩子将共享空间、资源、打印机和带宽，因为我们即便是到家后也会继续工作。有时可能会觉得更独立和愉快，因为居家办公可以避开电话和会议。

居家办公的观念已经超越了20世纪90年代末出现的远程办公形式，即人们不去办公室而是待在家里办公。现在，远程工作者除了在家工作，还可在火车和咖啡厅办公。

个人制造

我们期待功能和能源效率能提高，以助改造城市，这种提高来自于能够获取更多有关现实情况的信息，并将这些信息与其他系统的相似现实情况联系起来，包括公共空间和家里的私人空间。城市生产三种元素，能源、食物和商品（显然还有管理它们所需的知识），对这三个元素，在未来的岁月，住宅将能够容纳不同的系统，实现通过数字化制造来生产商品。

个人电脑和打印机使得人们的房子有可能变成工作场所。接下来要上演的将是与3D打印机有关的个人制造设备，3D打印机能够使用高密度树脂和其他在不久的将来能够研发出来的材料制造任何物品。

2010年，"全3D打印"（Full Print 3 d）数字化制造展览在巴塞罗那设计中心举行，由电子化制造国际顶尖专家之一的马尔塔·马莱-阿莱马尼（Marta Malé-Alemany）主办，阿瑞迪·马库鲍罗（Areti Markopoulou）协办。该展览展示了物品的制造不再需要跟使用重复的流程生产成千上万件同样产品的工业系统绑在一起。新的数字打印机相当于在工业化国家的普通人家里都拥有的个人打印机，不同的是数字打印机可以打印物品。这些机器，在现在仍然稀有，不过它将如20世纪60年代的洗衣机一样，改变了家庭的空间组织方式，省去了大量做家务活的时间。

事实上，现在正在研究能生产机器的机器，换句话说，机器有能力进行自我复制，这样的话，生产制造机器也能够在本土实现。如果许多日常生活所用的物品能够在家里，或是在我们所处的楼宇、街区等地方生产，能够在一家复印店生产，那么在这样的世界里，工业化生产的规则将被完全改写。

3D打印技术表明了一种范例的转变，类似于印刷机或蒸汽机被发明的时候，因为它将让物品的生产更加个性化，并且把生产能力还给住宅，让住宅回到中世纪时代的城市所具备的生产特性，回到电脑文化刚诞生时加利福尼亚车库所具备的生产能力。

就这点来说，住宅转变成了一座微型城市，人们在这里可以工作、休息和制造能源，同时他们通过信息网络与当地和全球环境连接起来。住宅及其建筑可以激发人们的创造力。如果中世纪武士社会的住宅形状为城堡和带围墙的古城，那信息社会的住宅将会是怎样的面貌呢？

2. 楼宇（100）

互联网具备的分布式系统如何影响楼宇的设计和建造？如何把楼宇设计成城市生态系统中的活跃有机体？楼宇能实现自给自足吗？

人们如果有兴趣裸居在大自然中，那就不需要房屋或城市了。

我们的祖先就是这么做的。

楼宇是可居住的建筑结构，其根本使命是为人类活动创造稳定的分界环境。

在某地建立定居点，生产食物、商品和能源，有社区生活，在这样一个系统中，楼宇是其中一部分。

文明史通过其建筑史表达出来。每一种文明在操控自然资源以生产建造所需的物质材料时，表现出来的知识水平各不相同。不同的社会各用其自身的技术和文化来设计和建造楼宇。希腊的寺庙、波斯集市的穹顶、罗马文艺复兴时期的教堂，都彰显了人类精神的深度。这种体现文明的精神，在历史上的某一刻出现在地球上的某个地方。

楼宇是一项建筑工程的基本单元。建筑是居住的艺术。

楼宇是世界物质循环的一部分，其建造材料来自自然，终将化成废墟，回归自然。工业化促进加工材料的发展，如钢筋和水泥，以及后来在塑料和石油的基础上衍生出来的材料，现在我们则致力于开发不含化学成分的材料，因为化学成分在回归自然时会成为污染源。

作为人类居住其中的多层级栖息地的功能节点，楼宇必须变成资源的生产者，而非纯粹的消费者。楼宇需要加入新的系统和技术，以助它们成为城市能源和信息交流的活跃主体。

虽然在20世纪，楼宇的实体空间已经过改造，从承受力学重量的四面围墙变成网状结构，但在21世纪，楼宇将新增自身的新陈代谢，后者将改变楼宇与其周围环境互相作用的方式。

楼宇犹如城市生态系统中的有机体，是一个有组织的复杂物质结构，这个结构有信息系统的参与，通过物质和能源井然有序的交换建立起其与周边环境的关系，同时能够实现居住的基本功能。

用生物学家拉蒙·弗尔奇（Ramon Folch）的话说，建筑之于生态学，犹如药物之于动物学，都属于特例。

自足楼宇

2005年，我们惊讶地看到房价在飙升，但其客观价值并没有随之升高。几乎所有物品的价值都会随着时间和使用损耗而下降，如交通工具、电脑等。然而，办公楼和商品房的价格却一路走高。从逻辑上讲，这种假象是由许多房地产商推高的，因为那是"市场"。

同样在2005年，我们和建筑师卢卡斯·卡佩利（Lucas Cappelli）合作，在加泰罗尼亚高级建筑学院发起一项网上竞赛，主题为"自足房屋"（Self-Sufficient Housing）[13]。该竞赛旨在通过定义新的技术范例，并通过设计整合新的范例，打造出自足楼宇。如果房价要不断飙高，那楼房应该具备更多功能。实现本地生产能源似乎该成为楼宇的新标配。

这项活动的成果是，来自100多个不同国家的学生和建筑师给我们发来1500余个参赛作品。他们提出来的方案，很好地处理技术与形态、有机与自然的问题。这项活动也为其他竞赛让了路，如自数字化制造房屋（Self-Fab House）[14]和自足城市（Self-Sufficient City）[15]，并帮助我们发掘新人才，制定框架讨论和开展有关自足栖息地的国际研究。

楼宇的能耗占全球能耗的三分之一。在这三分之一中，10%用于非工业性质的城市楼宇。

20世纪20年代涌现了大量定义新楼宇的范例。在20世纪，有段时期人们痴迷于机械化和人工控制，催生了一种楼宇模型。在这模型里，楼宇是纯粹的资源消费者，尤其是能源和水资源，还是城市垃圾的制造者。那是一场扎根于民主、为提高人们生活质量的竞赛，也是欧洲和美国提高大多数居民生活条件的大趋势。

在那时，大都市的打造方式是，城市外部生产能源供内部消费，城市产生的废物废水集中处理。这种方式从物质角度和人的角度看，都达到新高度。而今，西方国家城市与城市之间相互依赖，许多曾由外部供应的要素都融入到围绕着城市的混凝土中。

现在，我们在经历城市基础设施内部化的过程。楼宇作为物理实体和法律主体，需要意识到其自身能够承担的生产职能。

如果说在20世纪，法律规定所有楼宇都应该有照明设施和自来水，那么在21世纪，法律将规定所有楼宇消耗多少能源就要产出多少能源。

研究自然，我们发现树木能生产生存所需的能源，因为树木连接着土地，这让它们能够进行维持生命所需的生物化学活动。

楼宇应该和树木一样，成为基于某种独特环境的自足有机体。

若说20世纪楼宇范例的改变是因为出现了钢筋水泥打造的实体结构，那么在21世纪，建筑范例的改变将是由于出现新的建筑逻辑和能源结构。

住房不再只是一台可住人的机器。

楼宇成为可住人的有机体。

楼宇能够实现自足，能够与其他楼宇和网络互联以定义生产与消费之间的交流过程。

为实现这点，我们需要开发智能网络来管理楼宇的生产和消费过程。我们在能源网项目中竭尽全力达到这一目的。

社会的电力化

事实上，社会的电力化将能够把现在互不相连的系统（住房、交通和生产）关联起来，就像电子系统实现了不同媒体的交互一样。

信息社会所取得的成就，很多一部分归功于相似性质的资源的电子化。过去，我们听音乐用的是唱片，电视靠无线电传播，电话信号靠电缆传递，读书读的是纸质书，当然现在也有人读纸质书。电子技术则创造了新平台，所有这些媒体都实现互联，建立协同增效。现在，我们则用电来照明、使用家用电器，有时还包括楼房取暖。

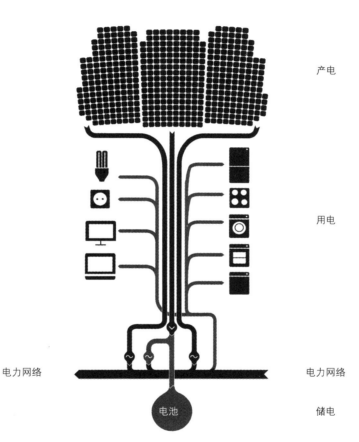

产电

用电

电力网络 电力网络

储电

汽车则是另一回事。在我还是小孩时，城里有个传说，说是有人发明了电动汽车，但由于电动车损害产油国家的利益，发明者"失踪"了。这是个广为流传的神话。十年前，我看到第一台以氢燃料为动力的电动汽车，它似乎代表了汽车行业能源供应模式的未来。然而，十年后，汽车行业开发出更为节能和清洁的锂离子电池，这种电池用在首批工业化规模生产的电动汽车中。

相比于过去以煤炭和汽油为燃料的火车，现在的高速列车也是电动的。电力化的过程似乎是不可阻挡的，它能够形成建筑行业与城市交通之间的协同增效。就这点来说，楼宇作为能源的潜在生产者，将是城市能源生产的基本节点，当然也是能源的主要消费点。

楼宇所生产的能源，将储存在电动汽车中。电动汽车中的能源，可以为洗衣机或电脑提供电力。一百辆汽车停靠并连接在一起，又能够给公交车充电。汽车将成为楼宇的"硬盘"，硬盘储存电脑产生的信息，汽车储存楼宇产生的能源。

汽车是国际化、全球化的行业，楼宇在大多数情况下则是本地化的，这两者将通过能源这一共同语言实现互动。

如同数字化改变了信息世界一样，电气化也将改变物理世界。

给土地增值

纵观全球，房地产开发是长久的投资平台，大部分情况下也是投机平台。
在土地城市化的传统模式中，有两个时间点可以给土地升值。
城市化使农业用地转变为城市用地，同时定义了土地属性转变的参数。这些参数规定该地的人口密度、土地用途、城市化类型、基础设施、通用系统和其他构成城市一部分的因素。通过这一行政程序，土地的价格上升了，虽然其价值不必然随之上涨。只要土地属性发生改变，其价格也会改变。

这个过程会产生大量财富，尽管它没有增加该地的物质价值。在西方世界，拿下某地的购买权，赋予土地新的属性，甚至不用买入就转手卖出，这是常见的做法。这种做法与近年来股市的投机现象是一致的。土地如赌场。

土地增值的另一个时间点则是盖楼，这个就要多费点劲了。商人都想实现利润最大化。但是，当盖楼意味着会在空间上、视觉上和城市生活特点上对市民造成影响时，盖楼应该成为一项精益求精的事业。

地中海沿岸在大兴土木，几十年后，后代们将被迫承受这种短期经济发展的后果。

在19世纪，土地通过将农业用地转变为城市用地实现增值，然而，到了21世纪，我们能够通过重建城市，让城市实现自足，从而提升土地价值。让楼宇实现自足意味着给现在这些没有生命的钢筋水泥结构增值。

按照现有的技术，楼宇建筑是相对简单的。所有楼宇都要保证结构稳固，并配备一系列最基本的网络。在西班牙，开发商要把土地城市化，需要配备用水、用电、通信、废物处理等基础设施，这些设施建成后转交给市政厅，由市政厅把这些楼宇关联到大型网络上。

在当下的西班牙，所有这些基础设施由私有企业管理。城市化意味着把一系列系统基于特定协议转给运营公司，这导致了近似垄断的现象。除了土地城市化，其他任何经济领域都没有出现这样的状况。

真正关键的问题是，到目前为止，开发商在建楼时尽可能地压低成本，设计上也不求新意，以便能够覆盖尽量广的人群，并且当这种源于城市化过程的商品一脱手，他们便不再理会这个地方。

低价建楼，高价售楼，然后转身走人。

现在，我们清楚房地产的潜力在于停留。客户买房需要电、水、供暖设备、电话服务和满足感，大部分提供这些基础设施的公司都想永久地留住客户。就像在汽车行业，汽车定价中的利润空间都很小，目的在于取得汽车的保养服务，同样的，楼宇维护和资源供应是经济的一个领域，需要在未来加以推动。

相比"低价建、高价售、转身走人"的模式，新一代开发商会想要盖好楼，以合理的价格售出或租出，然后留在原地长期提供服务。

如果我们认为信息社会的经济应专注于制造和销售商品，那么信息社会便是基于服务的社会。楼宇则是信息的枢纽。城市则是居住服务的中心。

能源服务公司

能源服务公司就是这么诞生的。

这些公司的经营模式是，在楼宇上做些投资，使其能够制造能源（利用光伏系统、风车或其他），变得更加独立，之后再打造一个能够提高楼宇运转效率的控制体系。从楼宇中节约下来的开支便成为他们投资的回报。那可能意味着每座楼宇、每个街区或社区都会有能源服务公司。

评估可能的投资值和回报值的一个基本变量是能源的价格和使用可再生系统生产能源的回报（依实际情况而定）。

然而，西班牙法律允许某地生产的食物和商品出售给邻地，但电力（或者网络连接）只能本地生产本地销售，不能转售给邻地。能源和信息是我们文化的两个核心要素，政府竟以这样的方式加以管控，使得居民不能像参与其他经济活动一样，进行自由生产和自由交易，真是让人难以置信。

传统权力是建立在对某些关键领域的管控基础上的，如军事、金融、能源和信息。掌握了能源，则掌握了对栖息地、工业生产和交通的控制权，如果允许能源进行本地化生产、不受限制地直接交易，则将会打破这种控制权的逻辑。

另一个实际问题是，能源微管理系统的出现，需要一种新的能源文化。这种文化存在于市民、能源公司和城市自身管理中，也存在于旨在实现能源微管理的基础设施中。就可再生能源而言，许多国家最初认为制造出来的能源都要出售给能源网，并对这种微型生产方式提供补贴，其机制是能源的收购价格远高于售出后重新购买的价格。就目前的情况看，如把制造出来的能源卖给能源网后再重新购买，能得到的补偿要比直接用掉多得多。当然这种情况会改变。最终，市民将支付电能的真正价格；可再生能源将不再获得补贴，能源的生产成本将与其他技术一致。

等到那时，自足的楼宇就电能供应方面将能走遍全球。

圣库加特德尔巴雷斯市（Sant Cugat del Vallès）位于巴塞罗那城区。2009年，该市市政厅和安迅能能源公司、加泰罗尼亚高级建筑学院达成协议，评估开发自足楼宇的可能性。考虑到电力公司往往会在某些项目开发中制造障碍，自足楼宇的最初设想是能够真正摆脱电力网。这点从技术上来说是可能的，但在法律层面上尚未可行。

在这个工程中，楼房由一家上市公司资助，本地化生产能源所需的其他投资则由一家能源服务公司提供资金支持。由那家能源服务公司在当地生产的能源可用于出售，十五年后再将这项基础设施转交给市政厅。

理论上讲，生产电能可以使用小型生物质能发电站，或是使用光伏系统辅助的地热能来产电。最后，我们认为，我们应该实现的不是摆脱能源网，而是实现"零排放"，也就是说，年度的能源产出量和消耗量是相同的。有时候，"零排放"楼宇只是一个政治上正确的概念，实际上隐含着某种委婉说法。

有些楼宇声称是零排放的，但他们本地生产的能源只满足自身需求的10%，而且为了弥补温室气体的排放，在盖楼时，还得在另一个地方种上成千上万棵树。数字又一次耍花样了。

在瓦伦西亚市的甘迪亚，我们和维索伦公司（建造出租用的经济适用房）合作，为年轻大学生建楼。在该案例中，维索伦公司在公共土地上建造房屋并进行管理，交换条件是他们有四十年的管理权，并可以提供与出租相关的其他服务。在这个过程中，他们与西班牙能源企业恩德萨公司达成协议，由后者从供应商那里购买天然气来提供能源服务，在本地生产热水以供应用户，同时生产电力，多余的电力则出售给能源网。

楼宇能够生产大部分自身运转所需的能源，但显然无法实现零排放，因为其基础能源来自于天然气。

在上述两个案例中，楼宇模型都能做到节能运作，就这点来说，可以扩大到其他地方。

楼宇能够生产能源这个事实将改变楼宇与汽车之间的关系。如果楼宇生产能源，那么它可以决定是在本地把能源用掉，卖给能源网，存在楼宇自身的电池里，或是储存到电动车里。

一个智能的管理系统应该能够随时评估电能的价格，并决定每栋楼宇（如果管理系统细分到每个用户，则决定每个用户）应该怎么处理其生产的能源。

在巴塞罗那，扩展区辖区内的城市街区就存在能够形成能源生产单位的楼宇，这些能源生产单位是建立在一定数量的业主（兼生产者）与消费者之间的关系上，目的是创造一个更加动态的系统。这对于分析如何回馈能够自产能源的社区很有帮助，因为这种社区不需要依靠城市外部的大型基础设施。

能源本地化生产和能源智能管理，还有视情况所需的废物循环和污水处理，都需要制定新的原则，这些原则带来的最大挑战是开发出能够整合所有这些影响城市居民生活环境的新设计。

楼宇参数

现在的楼宇是依其形态和功能来定义的，其实应该再给它们加个新陈代谢。如果定义当下的楼宇使用的参数是其高度、深度、总面积和许可用途，那么还应加上突显其节能效率的其他参数。

我们应该能够像描述有机体一样，描述楼宇的骨骼（其形态及组成部分）、生理机能（其功能）和新陈代谢（能源流向和能源系统）。

如果楼宇需要消耗的能源都能靠自身产生，那么该楼需上缴的税真的应该和周围建筑物一样吗？自足楼宇降低了国家对能源的依赖，不再需要靠建造大型传送设施来确保能源的供应。楼宇应该建立 ε 系数来反映其年度所生产和消耗的能源之间的关系。系数为 1 或超过 1，则能够（至少在刚开始时）得到减税奖励。

　　类似的，用水量应该使用 α 系数固定下来，这个系数定义每个居民的用水情况，回收水的水量和能够储存起来的雨水量。

　　巴塞罗那的英文拼写（Barcelona）包含了评估楼宇运作情况应包含的参数，这些参数与分布在楼宇和城市中的各种网络有关。

　　　B　状态良好（be good）

　　　A　水（aqua）

　　　R　回收（recycling）

　　　C　循环（circulation）

　　　E　能源（energy）

　　　L　物流（logistics）

　　　O_2　空气质量（O_2 air quality）

　　　N　自然（nature）

　　　@　信息（@ information）

　　从这点说，楼宇应建立与其新陈代谢有关的参数，这个参数的重要性不亚于其实体结构参数和功能运作参数。

　　在城市转变过程中，把与楼宇运作有关的价值因素考虑进去，能够帮助我们甩开"巴塞罗那，让自身变美"的理念，转变成"巴塞罗那，重生吧"，这样市民能够成为城市改造中的活跃主体，这种改造不仅是表面的变化，还有功能和能源结构的变化。

太阳房

2010年夏天，加泰罗尼亚高级建筑学院参加由美国能源部、西班牙住房部和马德里理工大学共同组织的太阳能十项全能竞赛，参赛项目是数字化制造实验室[16]。这个竞赛于2002年由理查德·金（Richard King）在华盛顿发起，当时的想法是推动大学和研究中心开发太阳能房屋，以表明太阳房在技术上是可能实现的，同时鼓励成立致力于这一方面工作的协会和工作组。

前几年展出的许多项目都很节能，但无论是在空间分布上还是形态结构上，项目所采用的解决方案往往都非常初级。太阳房不仅仅是一个房顶上放着太阳能板的房屋。

我们决定组建一支国际团队，团队成员包括自足房屋竞赛的参赛者和加泰罗尼亚高级建筑学院研究生项目的学生。我们将房屋设计成球形，这种形状内部体积容量最大，且表面积最小。从自然的角度看，由于其需要隔热的外部表面区域最小，因此最为节能。

在把这一原型运用到具体地点时，考虑到光照问题，圆形变成鹅蛋形。之后我们把太阳房的表面抬高，形成一栋双层建筑，一层是室外的，一层是室内的，这样处理没有大幅增加预算。该解决方案提出的房屋结构，能利用动态系统收集阳光，也能通过被动集热系统在房屋下方形成大片阴影，供人乘凉，这种结构在地中海建筑中比较普遍。

如果20世纪的流行语是"功能决定形态"，那么现在我们可以改为"能源决定形态"。

自然往往是那么运作的。

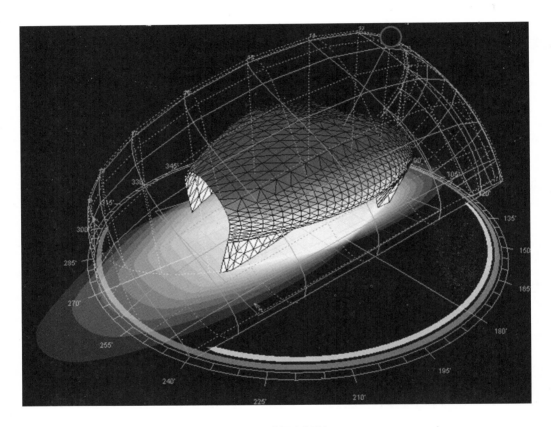

能源决定形态

如果说软件多年来辅助我们更有效率地绘图，不久前又通过数字制造技术使得我们能够生产形状各异的物件，那么新的项目将能从能源生产的潜力这方面评估拟建的建筑形态，并反复调整其结构直到形成最佳方案。不管是在建造时，还是在"服役"时，楼宇不仅要生产能源，也要控制能源耗量。

我们认为建造太阳房应该采用木材，木材因太阳的作用而成长，属于可循环利用材料，诞生于自然中，且是扎根土地受益于大气作用而生长的。

我们的太阳房还有另一个挑战，即在楼宇中加入太阳能生产。我们想采用弹性光电材料以打造一个更加自然的弧形表面。我们也试过使用一种基于铜铟镓硒化合物（copper iridium gallium selenide, CIGS）的太阳能薄膜电池技术的新一代材料，但当时还没有这种技术，且不说其只能节约大概10%的电能。

最后，我们临时凑合，购买了太阳能电池厂Sun Power生产的全球最节能的太阳能电池，并且在西班牙光伏发电系统先驱人物之一、工程师奥斯卡·阿西弗斯（Oscar Aceves）的帮助下，我们把太阳能电池装进了具有弹性的特氟龙夹板中。就这样，我们制造了可能是世界上最节能的弹性太阳能电池板。比起笨重的传统电池板，这种板由于不含玻璃或铝材料，因而非常轻便，而且能够用螺丝固定在任何表面上（螺丝只穿过电池板边缘外的特氟龙材料）。最终的成果是我们弄出了一个能够安装在弧形面上的弹性太阳能发电板。它的质地接近于金属锌，颜色灰黑如石墨，因此不会像玻璃一样反光。

加泰罗尼亚高级建筑学院开发了太阳房，将其安装在马德里，引起媒体广泛关注，并赢得了"最受大众喜爱奖"。有了马德里的成功经验，我有机会作为巴塞罗那设计中心的嘉宾，在上海世博会上展示我们的项目。展后，中国许多不同社会团体对我们的项目表示感兴趣。

陈蕾蕾（Leilei Chan，音译）和皮拉尔·科拉瓦（Pilar Clavo）负责宣传上海世博会巴塞罗那馆。他俩把我们介绍给一群中国投资者。我们开始一起勾绘蓝图，计划在上海市周边的一个岛上打造一个能够生产食物和建太阳房的自足环境。最近一次到中国时，我们开始评估用竹子来盖房，因为竹子生产速度快，能够切分成细条做成板条或板面，这些跟我们需要用来建造我们所设计房屋的材料是接近的。

通过这个项目，我们想以最快的方式给社会带来自足楼宇在设计上的创新。在电子领域，创新几乎是通过信息网络自动传递给社会的。

为什么建筑和住房的创新进度这么慢呢？

谷歌至少每隔几个月更新其算法。苹果公司至少每隔一年更新其电脑和iPhone手机型号。汽车行业每隔五年推出新的车型。而建筑行业每隔二十五年改变其建造方式，这还是乐观估计。

我们需要把信息社会的创新转移到建筑行业中。

弗朗西斯·福特·科波拉（Francis Ford Coppola）称他成功地买到了制造自己的电影的自由，不再受大型电影制片厂的摆布。大型电影制片厂是站在增加公司股票价值的立场来评估一部电影的价值。涉及钱，胆子就小了。在电影行业如此，在房地产行业也如此。找出与人们直接联系的方法，获知他们对住房和生活环境的需求和期盼，会是比较恰当的做法。

而今，该如何处理现有的资源，该如何用更少的能源来组建我们的栖息地以活得更好，有关这些问题的价值标准，正面临着严峻考验。无疑，我们需要在人类栖息地的创新上做更多的投入。这也是让我们与世界的交互变得更加有效的第一步。文化衍生出更多的文化，创新引发更多的创新。即便自足楼宇因为不为人所熟悉而缺乏市场需求，但建造自足楼宇是开辟经济新领域的一条道路。

打印楼宇

用电子打印机制造物品已成为现实；现在有人正在探索用电子技术打印楼房。南加州大学工程师贝洛克·科什维尼斯（Berok Khoshnevis）[17]多年来致力于制造能安装在起重机中的楼宇级打印机，能够直接打印出房屋或街区公寓。他研究能够可控地喷出精准墨水量的笔尖，以实现在纸上书写。同样的，精准的打印头，如能够喷出类似混凝土的材料，且喷出的厚度可准确计算，那就能够打印出楼宇级的建筑结构。另一个平行的打印头或许还能引入楼宇系统所需的电缆或管道。

如果建筑是一道景观，那么楼宇是其中的山峦

如果楼宇所在位置能与其周围的环境建立明确的关系，那楼宇便不是建筑了。高楼大厦是功能储蓄器，一个楼层盖过另一个楼层，这样的层层累积使得城市n倍扩大其范围。然而，楼宇不必然是正正方方的六面体。现代建筑推崇抽象概念，推崇欧几里得几何学，早已超越了过去的经典样式。伯努瓦·曼德尔勃罗特（Benoît Mandelbrot）[18]开创的分形几何学让人们能够用数字来描述一棵树、一朵云或一条不规则海岸线的结构。它同样也让人能够设计出楼宇复杂的表面结构，这种表面结构是使用参数设计工

具造出来的。参数设计工具通过引入微小的"参数"变量，让一些具有相同基本形态的元素变得各不相同。

近年来，在新几何学的辅助下，建筑寻求与自然和城市景观建立新的关系，楼宇则成为人们眼中的"平地机"（Landscrapers）[19]。

建筑想让本身成为一道景观，而非成为某一景观的一部分。

"如果建筑是一道景观，那么楼宇是其中的山峦。"我们在20世纪90年代末如是主张。在地中海沿岸的帝尼亚（Dènia）小镇，人们计划对一处旧采石场的山体进行重建，打造温泉度假村，开展商业活动，同时在山体内部空间提供城市服务。基于这个想法，我开发一个项目，提出建造一座山楼，在待重建山体的外表面开设多个入口，还能从而形成城市公园和城市活动中心。我还设计了波兰弗罗克劳市的一处山楼，里面有会议中心和宾馆。这处山楼是弗罗克劳市参与2012年世博会的候选作品。一些城市的扩展区域已经受限于采石场或其他地质结构，它们在过去都是为城市建设输送原料。城市与其环境之间的互动应该接纳新的建筑形态，一种得益于分形几何学的帮助才发现的近乎自然结构的形态。

能源决定形态

生物是自然经过成千上万年演化后的产物。生物是适应其生存环境的专业化有机体；他们的基本原则是消耗最少量的能源来履行其基本功能（出生、成长、繁殖和死亡）。生物的形状会随着其与环境的适应情况发生改变，以便能够更好地成为生态系统的一部分。生态系统中的各个部分存在相互反馈。

建筑只有大概五千年的历史。

几百年来，人类就地取材，附近最合适的地方有什么材料，就用什么材料来建房，目的是从周围的环境中获取最多的资源。

直到20世纪末，建筑履行的职责是用特定的建筑符号来传递建造者的价值观。这些建筑符号以大写字母、檐壁和拱门等古典建筑语言为基础，利用对称轴、比例关系进行整合。

在古典建筑里，象征意义决定形态。

20世纪，混凝土、钢铁和玻璃等新材料的发展，改变了建筑规则。古典建筑模型是建立在承受力学重量的四面围墙上，楼宇的结构直接关系到其形态，相比之下，20世纪能够自由设计平面图，让楼宇的用途有了更多的灵活性，象征意义也随之增加。

"机器时代"允许人们想象楼宇能够借助人工手段进行"呼吸"，电力系统则为其提供养料。

新的建筑结构和电梯这种新的力学系统—电梯无疑提高了楼宇垂直高度增加的可能性——催生了新的建筑范式。包豪斯[21]建筑学派提出了"功能决定形态"。玻璃和钢铁推动一种国际化的普通建筑，这种建筑需要解决其与周围环境的关系。它们利用力学系统制造一定量的能源，不计可能需耗费的能源成本来控制周围的环境。这种模型显然气数已尽。现在，我们面临的挑战是建造回归到依地而建的楼宇，它们使用最大量的资源以确保做到能源自足，从周围环境获得水源，并且回收利用楼宇产生的废物。要实现这些，需基于两个原则。一个是详细透彻分析某个地方所能获得的网络和资源，另一个是借助设计把楼宇需提供的所有功能和需开发的所有机制进行整合，达到消耗尽可能少的资源来维持楼宇运转的目的。

楼宇需要人工建造、自然管理。这两个因素相互结合，解释为何楼宇需要启动自身的新陈代谢系统。

如果说20世纪的建筑是因其结构改变而改变，那么21世纪的建筑将是因其新陈代谢的改变而改变。

为了让楼宇实现自足，它们首先必须智能。楼宇需要开发智能系统，嵌入到其建筑结构中。这种理念不等同于设计传统楼宇，给它们装上控制系统或是在楼顶上安装太阳能电池板。它关乎的是新建筑范式的定义。根据新的建筑范式，在一处可住人的建筑结构中，功能、能源和信息实现三位一体。

楼宇变成有机体。城市变成自然的生态系统。

光合作用和能源

我们和"树博士"杰拉德·帕索拉（Gerard Passola）合作，分析如何从树木和其他生物的新城代谢系统中获得启发，构建楼宇的新城代谢系统。

树木是通过树叶的光合作用获得能量的有机体。树叶的能源效率约为25%。自然条件下的太阳光中，只有45%的光线能进行光合作用，理论上太阳能转变成化学能的最大能源效率约为11%。然而，现在的植物无法吸收所有的太阳光（原因包括光线反射、光合产物需要呼吸，太阳辐射需要适宜条件等）。2010年，效能最高的太阳能电池的能源效率是23%。我们要达到甚至超过自然系统的能源效率，只是时间问题和纳米技术开发进度的问题。

树叶把光能转变成化学能，化学能合成有机的能量分子。这些分子可

"储存"为碳水化合物。树枝和树干的物质结构，与树木通过导管传送信息的逻辑结构是一致的。在建筑领域，也有些楼宇按同样的原理建造。巴塞罗那古埃尔公园广场上的柱子具有实体结构，其作用是充当水源收集系统。媒体屋的结构则是将实体结构、电力结构和数据结构融合到一块。

现代建筑将不同的功能系统分到不同的层次中，而大自然往往是把不同的功能系统整合在一起以提高效率。以树木为例，整棵树通过树根与土地连在一起，通过枝干与树冠连在一起。植物根部尖端生产出来的根毛，其表面能够吸收矿物质和水分。整棵树就像一台水泵，能够把富有营养的液汁输送到树冠，并将其能量转化为果实。这一切不需要靠远处的电力系统来实现。它体现的是本地资源效率的最大化。

在未来几年，楼宇将以相似的方式运作。一方面，楼宇会最大限度地扩大其与周围环境的关系，以实现主动地利用被动资源。

最好的能源是不会被消耗的能源。另一方面，人们将巧妙地利用技术，以有机且高效的方式来管理楼宇发挥功能所需的资源。

因此，尽管过去建筑的形态取决于其象征意义，20世纪建筑的形态取决于其功能，但在21世纪，建筑的形态不得不取决于能源。我们要利用自然模型来设计楼宇和城市，就像大自然一贯的运转一样。

3. 城市街区（1 000）

在能改善资源分散式管理的城市系统中有大量建筑存在，这些建筑的相互作用中具有何种潜力呢？我们要如何在城市中生产并储存能源呢？

街区是城市的结构单位，之间用道路隔开，并以建筑的形式汇聚城市功能。巴塞罗那扩建计划[1]之父伊尔德方索·塞尔达称之为"Intervies"。对城市街区的几何定义来城市中公共空间与人类活动空间之间地表面积的最佳比例。被这一结构划分出并承载市内流动性的网格结构，在寻找特定地域中最佳的城市一体化形式时，要受到地域和环境的制约。

纽约是由垂直于哈德逊河分布、大小在200米×60米左右的矩形城市街区[22]构成的。巴塞罗那则是以平行于海和科尔赛罗拉山脉、大小在113米×113米的圆形城市街区构成的，街角为斜切结构；20世纪50年代，台北开始以500米×500米、带有内部通道的大型街区为基础进行扩建。城市街区及其密度是决定城市节奏的单位。

在历史古城中，建筑都是通过共用隔墙相连，以创造出紧凑的实体单位，好在密集的城市结构中实现建筑数量的最大化。在拥有独立式住宅的城区，一个街区也许是由多个独立的住宅区组成，住宅区之间是绿色空间，这种结构是20世纪20年代兴起的城市文化的产物。在大城市的郊区，街区由大量独立式或半独立式的住宅构成，解除了历史古城中已占用土地与闲置土地之间的关系，建立起了适应汽车社会生活节奏的宜居结构。

绿地可以集中在大型城市公园内，也可分散于街区建筑结构中。以巴塞罗那为例，塞尔达以自身卫生学家的角度出发，以为所有居民提供同质化的良好居住条件为目的，提出要在每个城市街区内部都打造一片绿地。无论从哪个建筑出发，都应该能够顺利抵达城市前沿的交通基础设施以及城市后方的绿地。绿地的规模从1到1000不等。在纽约，街区内部几乎没有任何绿地，不过这里有一个中央公园。在巴塞罗那，无论是街区内的，还是像纽约中央公园一样供全市使用的大型绿地，其组织宜居元素的模式都与其他地方不一样。城市街区的功能由城市内各层级所需实现的功能决定。街区若具备多种功能，则可以增加城市复杂性，并减少部分人口的强制性流动。

从管理角度看，城市街区是其内部实体、个人或团体之间建立关系的单位，它们建立联系时不必跨越公共空间。与建筑不同，街区没有自己的法人实体。不过，街区内有坚实的社会基础，与在建筑层级建造的活动单位相比，街区层级内活动单位的能源和资源能得到更有效的集体管理。

每个城市都在其发展历程中建立起了大小、用途和密度不同的街区，把它们结合在一起，就构成了社区这一结构。

城市密集化

2009年，我受弗兰克·劳埃德·赖特基金会（Frank Lloyd Wright Foundation）前任主席菲尔·奥尔索普（Phil Allsopp）之邀前往菲尼克斯。菲尔·奥尔索普推动了以增强美国城市密度与城市性为目的的研究和项目的发展。美国的菲尼克斯和斯科茨代尔都是20世纪建立的郊区城市的极端例子。每个人都有一栋房子，房子周围有一小块土地将他们与邻居隔开，切断了相邻土地之间的关系。每栋住宅都是一座岛屿，中间由道路隔开。每栋住宅都有小片绿地，每片绿地都有主人煞费苦心的照料，若要进行社交活动就只能去高尔夫俱乐部。一大片私人绿地。

当时所讨论的问题是，如何增加城市密度，以及如何增强社交互动。在不久的将来，在某一个时间，美国将不得不面临有史以来第一次的郊区土地改革。当时的能源价格正值低谷，人们以最节省能源的方式对其进行了城市化。

巴塞罗那的选择恰恰与美国背道而驰，它开始尽可能多地将街区内被旧产业或商业建筑占据的土地腾出来，这些建筑都是塞尔达时期修建的，当时街区内的建筑密度相当之大。在释放那些空间的同时，政府也开始在街道层级修建公园，或社会性基础设施。这其实是一个非常了不起的策略。

许多城市仍然只考虑在街面上修建建筑的适当性。而建于地面下的建筑，往往只根据一种与之不同的法规来进行评估，比如消防规范或经济活动准则。而在地下修建基础设施或设备似乎是城市密度化进程中显然会采用的策略。具体建造将受到安全条件和宜居性的限制。

自给自足的巴塞罗那街区

在设计资源供给系统时就必须考虑到需求峰值。

假设纽约街区、巴塞罗那街区或巴黎街区所需能源都必须自行生产，那么，其功能多样性越大，所需的生产性基础设施就越少，原因在于不同建筑的耗能时段不同。

单一功能建筑的效率则更低，因为如果它们需要自行生产能源，则需同时具备应对能源消耗高峰需求（该系统都以最高需求为设计标准）和低谷需求的能力，而在低谷时，建筑几乎无须消耗能源。

独立式公寓建筑的能源消耗率在夜间或周末会比在其他时段的高。不过，在上班时间，工作中心和企业的能源消耗量会上升。如果能创造出功能多样性更丰富的单位，那么耗能时段就会更分散，这样便能令能源消耗率实现平衡。

同理，多功能街区会比单一功能街区更高效。

巴塞罗那典型街区 [23] 的面积接近1万平方米。建筑物平均高度为24米，可建造区域约3万平方米。

整个巴塞罗那［不包括自由贸易工业园区（Zona Franca）］共有10 235个城市街区。一栋建筑，若具备多种用途，且居住空间与工作空间之比为70/30，那么它每年的平均能源消耗为140万千瓦时和7.6亿千卡。想象一下，如果我们将街区内所有建筑的屋顶都装上平均光电转化率为23%（目前的技术是可能实现的）的高效光伏系统，则可以假定，该街区每年耗电量的65%都可以实现自给。如果建筑物正面也装上光伏系统，则产电量有望再增加20%到30%。不过这样仍不足以实现电力的完全自给自足。

在建筑内的能源生产，包括电能和热水，应该由混合系统进行，该系统可能包括了地热系统、光伏系统。如果条件允许，还可能建立迷你风力农场和生物质能系统。

城市内的循环利用

如果一座城市能实现资源的本地化生产，且能为现有资源提供更好的保护，那么就能实现有效的自给自足。

未来几年，欧洲和美国将不再出现大规模的移民潮。印度、巴西、俄罗斯、南非和阿联酋等新兴国家经济的增长，中国超级大国地位的巩固，以及西方国家的经济危机，都意味着欧洲和美国的城市发展将更多地依赖于资源的循环利用，而非城市构造的延伸。

任何新的增长都将成为确定社区层级或全市自给自足结构的机会。其中的挑战在于，如何重塑才能令城市更有效率。

在巴塞罗那及其他欧洲城市中，19世纪扩建留下的建筑物可以算是历史遗产，具有纪念价值，但这样的建筑不太可能承受住大规模的外围实体结构改造。它们是城市形象和城市品牌的组成部分；所以不能将它们改建为他用，只能进行翻新维护。不过，这些城市中也有需要更新的区域。其中有可能向自给自足模式转变的就是那些经济价值最高，以及将会成为信息社会新经济活动中心的地区，尤其是出于利己目的的话。

巴塞罗那扩建计划共涉及498个街区，其中115个位于波布雷诺的22@地区。该社区以及其他致力于开展科技活动的社区和地区都有向自给自足转型的潜力，那些同时具备住宅区、商业区和工作区的地区则更是如此了。22@计划为每一个街区都配备了特殊的规划单位。

为每个街区分配规划的目的就是实现密度最大化，并建立一个功能性的组织。不过它与历史古城及其他城市在19世纪或20世纪时的城区发展不一样，并没有规定城市要发展为何种形式。

城市规划中对建筑高度的硬性要求已经日益弱化成了不相关因素。

在22@计划中，既有将被保留的现存产业结构，又有以当代文化为特点，向开放化、非预定的城市形式转变的转型活力，这就意味着，社区内每个街区都会呈现出不同的结构。这是个好消息。不过，迄今为止，都鲜少有出色的解决方式能让城市在不伤害环境的情况下，无限度地密集化。使用以自给自足为基础的新规则来建造城市街区能够在这方面促成改变。

自给自足的城市街区反过来也将创造出彼此互联的能源网络。其中包括那些有纪念意义的建筑群，将通过旅游经济为这一系统注入另一种形式的能源。

本地化能源生产系统

正如前文已提到的，若能利用大量不同的系统来生产能源，以满足建筑或社区自身每年的能耗需求，则可以实现能源的自给自足。1000人规模的城市街区为不同技术的运用留出了余地，这些技术具有经济性。另外，若能与使用能源网这类系统来为不同建筑管理生产与消耗的智能网络相结合，则能将所得好处最大化。

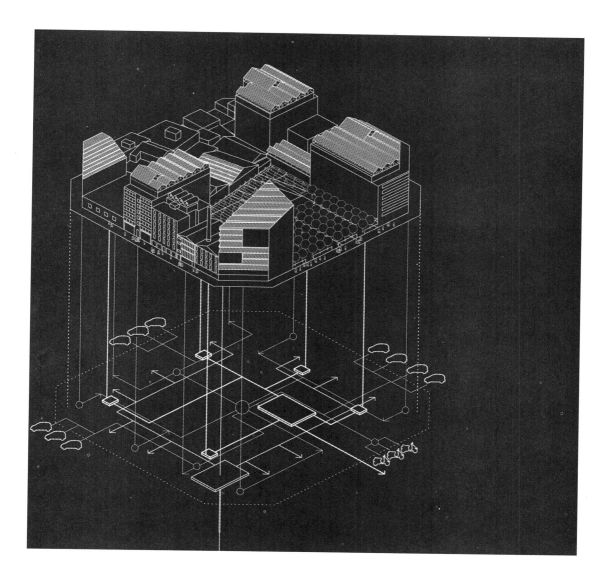

自给自足的城市街区：它能生产食品、能源及其他城市生活所需的产品。

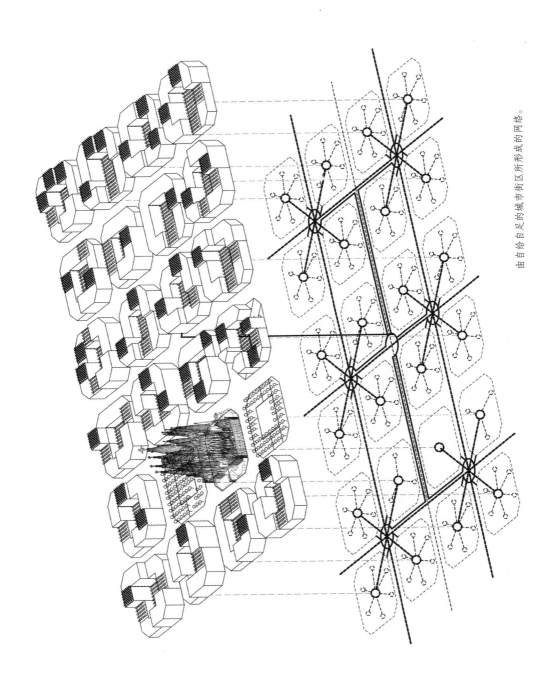

由自给自足的城市街区所形成的网络。

光伏系统利用能将太阳能转化为电能的表面来发电。传统做法是将由大量光伏电池组成的太阳能电池板安装在建筑物的屋顶上。光伏系统表面透明，也可以安装在窗玻璃的表面。在未来几年中，光伏系统的效率，比如每块太阳能电池板表面的发电能力，将会因纳米材料等技术的运用而有所提高。人们可以用不同的技术手段来利用纳米材料，比如做涂层，这种材料几乎可以涂抹于任何物体的表面。而利用控制系统对建筑的光伏发电系统进行管理，以便为正确维护预留余地是必不可少的。一栋自给自足的建筑若得不到维护，则很快就会停止工作，成为太阳能垃圾。

另一种能源生产方式也需要用到太阳能电池板，目的是对液体（水或石油）进行加热，滚烫的液体可以用来加热其他物体，或提供干净卫生的热水。目前研究者们正在进行小规模试验，尝试使用热水来发电。

地热科学能利用埋在地下的管道实现全年的恒温水持续供应。供水温度17摄氏度，在冬天这意味着当需要对水进行加热时，它本身的温度就已经高于环境温度了。在夏天就意味着它本身温度比空调系统制冷所达温度还要低得多。最终，地热能将为建筑设计提供更多选择，甚至可以令设计更有趣。它还可以以建筑的双层皮肤中间为通道，对空气进行冷却或加热，充当空调系统。

另外，许多城市也在利用地下的地热水，它的温度在50摄氏度到80摄氏度之间。这些水被加到了集中式热水网络之中，热水疗设施有时会用到它。在冰岛这样的极端环境中，地下水会以蒸汽的形式涌出，可直接用于电力生产。

街区内或社区内的工厂可以非常高效地利用这些由生物质燃料锅炉加热的水。这些工厂也许会燃烧木屑、稻草或木屑颗粒。它们运作的关键是提供用于燃烧的资源。按逻辑推理，在原料运输过程中所消耗的能源也必须计算入二氧化碳释放总量之中。人们认为生物燃料归根结底是不会向大气中释放二氧化碳的，因为它们释放出的二氧化碳数量与它们在生长过程中消耗的量一致，能互相抵消。

目前利用生物燃料来生产能源的系统，更适合用来加热水而非发电，因为前者与后者的燃料利用效率悬殊大，为60%比30%。不过，其他系统的发展潜力还是很大的，比如热解，即不需要氧便可令木屑分解，分解过程所产生的热能将水加热至相当高的温度涡轮机也可以利用热解来发电生物燃料原子的分解还会产生生物炭等物质。

综合利用不同的能源生产系统和为减少每日运作中的能源支出而提升建筑的隔热性能，二者都是实现街区能源生产年度零平衡的关键策略。最高效的系统就是能减少需求波峰与日常供应量间差额的系统。在医院或公共泳池这样需要稳定能源供应的建筑中使用微网络则可以保持建筑运行基础的稳定性，减少供应波峰和波谷之间的差异。

在城市内储存能源

要创建不依赖能源网络、自给自足的城市街区，我们就必须保证街区内有大量的能源储备，这样才可以确保阴天无风的日子里也有充足的能源供应，不过这种做法目前尚不具备经济可行性。互联网有用来储存信息的服务器，当家庭终端要下载图片或视频时就会向服务器发送数据请求，城市中的能源系统与之同理，也应该有用于存储能源的系统。

当建筑生产富余能源时，就可以将它们就地储存。许多时候，风力发电系统在夜间生产的能源都因为无法被消耗而必须释放掉。在夏季日照最强烈的那几个月中，光伏系统也会生产出多余的电能。小型生物燃料工厂则是只要有合适的原料，就可以源源不断地生产能源。

最近几年，人们一直都在进行以氢储能的研究，利用燃料电池就可以将氢恢复成能源。不过，电动汽车的发展和二手电池（当蓄电能力不足原来的80%时，手机也会出现这种情况）二级市场的建立，都为在建筑物地下室内建造汽车电池架增加了可能，这些电池架将用于富余能源的储存。而且电动汽车将作为能源储存系统使用，可以在必要时将能源传输到住宅中去。

另一种技术是压缩空气，目前正在测试中，不过已经有以其为能源的样品汽车了。

市内海拔差异巨大的城市具备储能潜力，可以利用闭合回路的迷你瀑布，类似于传统的液压系统。

城市街区的大小足以用来建造市内的"能源公寓"。无论何种情况，智能网络对管理在产能耗能方面的这一巨大的潜在多样性都非常必要，也将为大量城市街区的互联预留余地。

新型工作空间组合

尽管所构建的城市居住结构要反映出特定时期人们的生活方式、与他人的联系方式以及工作方式，但工作场所（包括它们的地理位置和交通便利性）也对人们日常生活的组织至关重要。住都是跟着工作走的。

欧洲、美洲或中国的城市化都与其的工业化进程息息相关。21世纪初，在像美国这样的国家中，劳动人口在第一、第二和第三产业中的分配比例分别为1%、16%和83%。而第三产业的工作中，40%以上是"在网络上"完成的，这就意味着员工工作的地点已经不再重要了。实际上，本地化生产这一现象正在日益增多，且就发生在我们眼前，只是这个"本地"几乎可以是任何地方。不过，非洲也有脱离了工业化的城市化，这种城市化会在城市内部引发大规模的社会失衡，导致城市内挤满了无处工作的人。

全球化催生了一场城市化运动，该运动将人们集中到了城市这片经济全球化发展的沃土。同时，知识社会与互联网提升了市民权力，将来，他们凭自己的双手就几乎可以完成所有的事情。发达社会正在推行所谓的"慢"运动，而发展中社会所遵循这种生活方式其实已经被所谓发达国家的许多案例证实是不可持续的。

不过，不管怎样，创造能增强自身全球竞争力的价值是所有经济体的基本轴之一。发达经济体目前也面临着回归本地化资源生产的需要，它们目前的做法是，只引领全球知识性进程，产品的实际生产则放在新兴地区。

生产本地化是在不稳定环境中生存下去的保障，而现在的世界恰恰处在动荡之中。能源生产尤其重要，它是决定某地是否具备独立性的关键因素。食品和商品的生产则会左右人们生活质量的高低，人们的生活有了质量才会推动经济和社会的进步。

工业社会催生了"工人—消费者"这一身份，而信息社会则出现了"企业家—生产者"这一身份。具备首创精神的市民以网络为工作场所。网络成为资源管理的平台，被运用到了现实世界中，帮助城市各项活动的运行。

因此，具备商业进取心的信息工作者往往有成为独立承包人的倾向。他们自己管理自己的时间；他们创业并领导生产系统。

网络企业的实体结构是不连贯的。"雇员—公司—工作场所—建筑"这种关系已经过时。这就是新型"工作—实体空间"关系出现的原因，这一关系应该能在未来几年中定型。

1998年，我与人类学家阿图尔·塞拉、经济学家弗兰塞斯克·索拉（Francesc Solà）一同开展了名为"影响地域再调整的远程办公和远程计算中心"[24]的研究。该研究是想要通过建立让农村居民与世界其他地方保持互动的实体基础设施，让他们留在乡村。研究过程也推动了"加泰罗尼亚远程计算中心计划"的发展，该计划最初只打算用于实现乡村信息技术的集体化。

在网络中工作意味着工作者可以在任何时候、几乎任何地点开展工作。过去的远程工作模式离不开台式电脑，但台式电脑都在固定的位置上，比如人们家中。一直在家工作会带来大量与工作集体化有关的问题。当今时代，网络无处不在，几乎任何地方都可以联网。不过无论怎么变，人们也还是一样倾向于联合起来组成社群。这就是我们需要构思新型生产性空间的原因了。

想象一下，城市里有这样一种新型办公楼，城市居民聚集在此一起工作的原因并非是都供职于同一家公司，而是因为这里有他们工作所需的各种资源（电脑、绘图机、激光切割机、3D打印机）。或者想象一下通用空间，来此工作的人唯一的共同点就是需要网络。若存在上述的办公空间，人们就可以在离家近的地方工作，省下硬性通勤时间，并提高自己的工作效率和生活质量。不连贯的企业，分散的企业。

目前仍有许多城市禁止建筑提供商住两用。这些法规明确禁止在居住空间上建造办公区。因此，为了更好地跟上经济发展速度、有效适应生产系统多变的环境，我们有时需要利用不同于常规办公地点的场所。

当大批外来人口涌入（西班牙、法国和中国）时，人们便匆匆忙忙地在城市边缘建立起大型居住区，那些地区最初只供居住，然后开始出现公共设施，也许有一天还会出现新型办公空间。如果真的能实现，那么部分"工人阶级"将拥有成为新一代企业家的潜力。不过在公共设施出现后，直到新型办公空间出现前的这段时间，我们必须要提升该社区的教育能力和领导能力。

巴塞罗那的"创意工厂"（creation factories）是横向工作空间的又一实例，横向指人们聚集在此地的原因并非是为同一家公司效力，而是因为工作方式类似。"创意工厂"所在地曾经是片具有历史意义的工业仓库区。

我们可以想象一下，在传统城市街区中打造新型工作空间，这些工作空间位于建筑物顶层，向自由职业的网络工作者开放，在他们之中实现职业集体化。街面上是各种商铺，商铺上面是住宅，顶层部分则是工作场所。这是城市中的新型功能混合模式，各功能垂直分布。

数字化制造实验室 [25]

尽管为了为全球数百万消费者提供所需产品，产业经济推动了生产集中化，工厂规模也随之越来越大，不过信息社会鼓励人们通过分享知识和使用个人制造机器在世界任何角落生产一切想要生产的产品。

麻省理工学院就是在这一背景下推出了数字化制造实验室（fabrication laboratories，Fab Labs），它是横向工作系统发展进程的一部分。

2001年，尼尔·哥申菲尔德创建了比特与原子研究中心，该中心隶属于麻省理工学院 1985 年创建的媒体实验室，实验室主任一职一直由尼古拉斯·尼葛洛庞帝（Nicholas Negroponte）担任。比特与原子研究中心是推动信息技术调研、传播的中心之一。该中心的最初愿景是将电信、计算和内容三个领域融合起来，并通过它们之间的新型关系来改变世界。随着万维网和互动信息系统的出现，最初的这一愿景业已实现。尼尔的专业是物理，在"思维之物"联合会 1995 年创立后，他便开始通过该组织研究信息技术与物质世界的相互作用。

骇客文化，马文·闵斯基的神经网络计算机和相互作用。

我是在欧洲媒体实验室的开幕仪式上遇见尼尔的。该机构位于爱尔兰，是媒体实验室的分部，类似特许经营的分店，目的是推进欧洲研究项目的发展，不过该计划最终宣告失败。尼尔还在研究另一种互相作用关系，即麻省理工学院与印度之间的互动，并终终发现了，将技术知识融进世界会比"授权"它更有趣，或者甚至比将全球最具天赋的年轻人招到麻省理工学院来学习更有趣。

实际上，尽管过去最前沿的知识和最先进的机器都集中在主要大学，但历史已经改变，当今时代，各种知识基本都能在网络上找到，而且人们唾手可得的机器也越来越多。

得益于此，首个数字化制造实验室在挪威建成，其推动者是一名有全球视野，且对艺术和技术感兴趣的牧羊人哈康·卡尔森（Haakon Karlsen）。在尼尔的帮助下，这间实验室终于在一个旧谷仓里建成了。它的第一个项目是研发用在羊身上的传感器，以便在哈康·卡尔森牧羊时对羊进行远程定位。

以此为起点，一个网络开始在民间壮大起来，且深入到了全球许多国家，截至目前，这样的实验室已有100多个，遍布25个国家。最近，美国国会收到一项议案，要求在美国国内建立500个数字化制造实验室，以鼓励人们在新原则基础上开展培训、研究和生产。

数字化制造实验室是个生产工坊，几乎所有东西都能在此利用数字化制造机器和网络上共享的知识完成。在数字化制造实验室的推动下诞生了一种新型经济，即生产本地化。这种生产是就地、及时的。

想象一下，如果所有设计都在地球的某一特定地点完成，而生产在另一地点进行，那么我们也许会将之视为一种从网络获取设计或想法的生产模式。尽管生产可能是使用数字化制造系统在当地进行的。

数字化制造实验室中使用的机器可以制造从电脑到住宅各种规格的产品，简直无所不能。先在铜板上刻上电路，然后再焊接上不同的电子元件和微型处理器，一台小型电脑就做好了。该实验室制造的3D打印机也可以用来印刷；大块木板可以用大型铣床进行切割以制作家具；住宅部件也可在此制造；可以用激光切割机或水射流切割机对金属进行切割以建造建筑物或自行车部件。

高级设计是一种可以将我们与中世纪的手工制作传统联系起来新型生产方式，因为设计师得亲自将自己的设计制作成成品。我们可以想出数十种微型企业的新版式，令它们具备向数百万消费者供应产品的能力。最近，我在西班牙电信企业大学进行演讲时被问到，为什么我会认为虽然宜家的椅子比以往更便宜了，但人们还会想要自己动手做椅子。工业模式的基础其实是数量有限的生产者和大量工人，他们辛苦工作赚钱也是为了买东西。买一把大批量生产的椅子的行为，只是让你拥有了一把用钱换来的椅子。相比之下，制造者既收了你的钱，又保留了椅子的制作方法。不过，在数字化制作实验室内制作椅子的人，既可以学到椅子制作方法，又能将椅子带回家。而且，有了这方面的知识后，他或她也许还会决定做个桌子、做个衣橱，或者建一栋房子。

工业产品的价格中不含有任何知识，只有这个产品本身及其功能。在所谓的信息社会中，人们需要知道如何制作东西。因为制作这件事是有一就会有二的。工业椅子的价格也许很低，但制造者却留下了它的基本价值。

在为城市智能化进程增加价值的过程中，了解如何制作某些产品将直接带领城市走向其他产品的生产。

我们已经在由托马斯·迭斯（Tomás Díez）管理的巴塞罗那数字化制造实验室中进行了大量实验。2009年，由努里亚·迪亚斯领导的数字化制造儿童（Fab Kids）计划正式启动。我们计划的其中一个实验是，找来一组12岁的儿童，问他们想要制作哪一种东西。他们选择的是滑板。他们先用木头做了一个模型，然后用胶将大量木板粘到一起，并将粘好的多层次木板压到模型中去；铣床会将这些木板切割成正确的形状，最后由他们用激光在木板上刻上自己的名字和所喜爱乐队的标志。

我问其中一个孩子："你能把滑板卖给我吗？"

"不能，我不卖。"他说。

"为什么不卖？"我问。

"因为它是我的。"他答。

"你这话什么意思？"我穷追不舍。

"它是我的，我做的。"他说。

当某样东西（一千瓦的电、一个番茄或一个滑板）是由我们亲自生产而非购买来的时，我们就会与它产生联系。

它们是包含有知识的产品，一种新型的物质关系。

其实，对事物起源以及对物体的物质史可追溯性的兴趣是自给自足程度升高所带来的直接影响之一。我们使用的一切都有一段物质史，它们的历史彼此关联，其社会价值、经济价值、环境价值也是如此。一种新型的信息经济应该提供与任何产品价值有关的信息和透明性。从一千瓦的电到一个番茄或一个滑板。

动物都有其名称，树与其他物体也应该有自己的名字。这样我们才能了解它们起源中所包含的社会、能量和经济三者的变化过程。了解这些信息的目的是，无论该物体是否是我们负担得起的，都能确保让它得到恰当的处理。

数字化制造学会（Fab Academy）是数字化制造实验室的配套计划；它是一所分布式大学，校园由遍布全球的数字化制造实验室组成。不过，它的校园虽然分散各地，但都是实体，所以它并不是一所远程教育大学。这所大学有诸多不同制造领域的国际一流专家，且每周三都会提供一场由其中一位专家参与的视频会议，还会有一名当地导师对学生每周的工作和研究进行指导。它们遵循的是超地方模式（hyperlocal model），该模式的基础是社区内建立的强大且正常运转的社交与科技基础设施，因为该基础设施也是全球网络的组成部分之一。

数字化制造实验室是社区层级的基础设施，只要有它，几乎任何地方都会有实现先进教育和分布式制造的可能。我们设法获得了西班牙国际合作与发展署（Spanish Agency for International Development Cooperation）的支持，在巴塞罗那的数字化制造实验室启动了一个计划，该计划从埃塞俄比亚和秘鲁各挑选两名年轻人，让他们在数字化制造学会接受为期一年的培训，然后为他们提供经济支持，让他们可以在各自国家的首都（亚的斯亚贝巴和利马）建立实验室。该计划的目的是让他们再去培养更多的人，从而推动以发明和本地计划为基础的新型经济形式的出现。不过，我们也在各自的城市发现了一种新兴经济。在美洲和欧洲，当地人之所以会认为自己的城市经济发达，且一切似乎都在正常运转着，是因为他们是先进的消费者，而非先进的生产者。

巴塞罗那经历过一段工业发展期，这期间，扩建出来的城市街区纷纷建起了大量的工业企业，数量最多的就要数波布雷诺地区了。其中一些工厂已经消失在了历史的长河中，还有一些则被改建成了商业大楼、办公楼、学习中心、仓储设施或具备其他功能的建筑。

在过去，这些城市街区往往都是多功能的，有工作、商务等各种活动的场所。数字化制造实验室若能变为巴塞罗那城市街区实体结构中的一部分，作为教育、研究和生产的新模式入驻边远社区或已被城市化的前村落的历史建筑之中，就可以创造出横向网络，促进各年龄段居民间的开放式创新，并催生出与发明和按需生产密切相关的新型经济活动。因此，我们应该从数字化制造实验室向数字化制造城市发展。这种城市的制造活动遵循的是知识全球化共享、资源本地化生产的新准则。这种城市将推动知识经济的发展。

食品的本地化生产

在城市街区层级进行食品生产是一种新兴策略。最近几年发展出了大量的小项目，它们主要以销售为主要靠量，而非扎根于针对有可行性事物所指定的策略。

绿色屋顶是一个非常有效的技术解决途径，能起到良好的隔离作用，还可以留住雨水以避免排水网络在暴风雨时出现饱和，并激励人们在城市建筑的屋顶平台营造出更自然的景观。

在巴塞罗那，除了具有历史意义或纪念意义的建筑外，其他建筑都可以进行屋顶功能和环境的改造。一方面，扩建区内，50%以上的建筑物屋顶是平整且没有特定用途的。另一方面，于20世纪70年代在丘塔特梅里蒂安娜（Ciutat Meridiana）等社区修建的住宅区，遵循的是开放式建造的住宅区建筑哲学，所以建筑物的屋顶都极其平坦，可以轻易改造成微型花园。

全球许多不同城市除了对现有建筑进行改造外，还在对建筑农场这个理念进行研究，人类有可能通过建筑农场实现以营养液栽培法为手段的垂直农业。这个理念在全球人口过剩的情况下是合理的，且可能在2050年实现，届时地球人口也许会增至100亿，而其中80%居于城市。当传统农业环境的产量到达极限，城市中也许就会诞生出类似于垂直农场的食品生产新方式。哥伦比亚大学教授迪克森·戴波米亚（Dickson Despommier）博士在他的书《垂直农场》（*The Vertical Farm*）[26]中探讨了这一正在发展初期的构想。

在城市化过程中，建筑内和城市中都新增了卫生基础设施，自此后，建筑中所产生的营养物质就被送入了污水处理厂。

当前的食品生产分散于世界各地，绝大多数情况下，我们都对其中所使用技术和步骤一无所知。那些食品最终会被送往城市，进入餐厅和家庭，然后被人们吃掉。无论是否被人类消化过，这些食物残渣都会被收集起来，若是固体废物就进入回收工厂，若是废水就被送入污水处理厂，而理想的情况是，固体废物和废水被分离开来，然后分别以肥料和灌溉用水的形式被重新利用，回到食物循环中去。

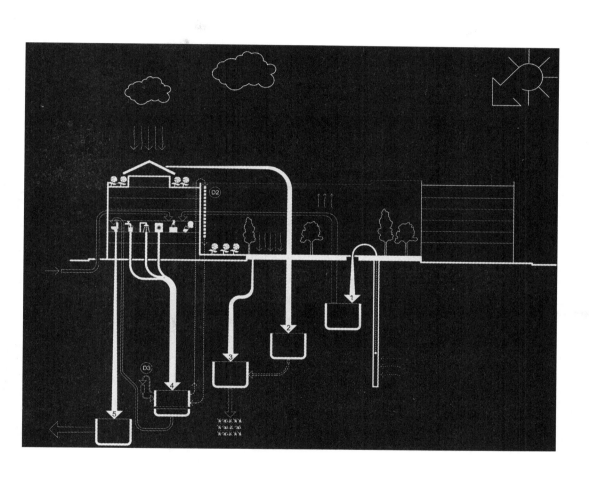

除了提议进行能源的自给自足外，我们还可以以在城市街区层级实行更智能化的水循环管理方式为基础，努力向食品生产的本地化方向发展。无论是净化水、屋顶雨水、地面雨水、灰水（不净化就可再利用的轻度污水），还是黑水（净化前不可再利用的重度污水），都可按照水质状况的不同而分为不同种类，并根据来源进行分类储存。若是灰水，则可以直接回收利用，用来浇花或冲厕所，其中的营养物质也可以提取出来，制成肥料，供周围生长的植物使用。

我们需要创造出一种多层级的水互联网——水网（Hydrogrid），其结构可在街区、社区和城市范围内发挥作用。

随着时间流逝，饮用水的标准也在不断改变。也许有一天，远离大型淡水水源的大城市会面临必须在需要用水地区附近建立小型污水处理厂的情况。

最近几年，我们都在与工程师约亨·希尔尔（Jochen Sheerer）一起进行一个项目的研发工作，目的是创建智能网络，管理当地的用水情况，并以最有效的方式将溶解在灰水和黑水中的大量化学物质重新分离出来，实现灰水和黑水再次利用。磷等化学物质在自然界中是很稀少的，但有人住的地方，其水中就会溶解有这些物质。

人类就是生物化学转换机。建筑就是环境资源的生产者和管理者。

农业用地周围的城市正在向创建大都市圈的方向发展，所以，未来几年，我们需要强调保留农业用地的必要性。我们要将食物的生产、销售和食用变为赞颂当地文化一种的方式。

如果有必要的话，我们还要利用知识及食品生产与医疗保健、建筑设计等学科间的关系来研究其他的食品生产方式。

4. 社区（10 000~100 000）

社区是城市的器官。

在城市结构中，社区是人们凭借工具经常活动的地域范围。社区的规模与人类的生理机能有关。它们将我们与远古时期部落的特性联系了起来，人们曾与这一特性共存了数百年。结构完善的城市会包含非常不同的社区。这些地区都有各自特定的社会个性和文化个性，它们以不同的城市结构、社会活动和经济活动来各司其职，保持与城市普通地区的连贯性。

城市中的社区是具备统一物理特征的单位。它们是稠密城市的组成部分，要么源自历史老区的发展，要么源自历史上某一特定时刻的快速发展。

社区是地域单位，居民之间的实体接近性为他们以物质资源交换为基础建立关系创造了条件。街区是一个城市单位，其间人与人之间物理距离接近，意味着邻居是以互利为基础进行互动的首要潜在人选，而社区不同，社区是独立存在体，包含着比住宅及住宅周围与其直接相连的环境更大的单位，城市现象的公共特性和社区特性都会在这里显露出来。社区内有教堂、图书馆、市场、运动中心和绿地；因此，它们就是城市现存社群交往的第一层级。

"超级居住地"解释了建立在多层级系统基础上的栖息地的构成，根据这一结构，1万人的规模是上限，若超过，人们就不能再将所在区域看作自家住宅的延伸了。

为了令城市实现自给自足，社区就必须做到自给自足。任何社区，人口规模若达到1万到5万，就具备了向充满活力的自给自足模式靠近的条件，并有很大可能创建一个功能性关系的生态系统，为人类的居住、工作和休闲预留余地。

社区作为能够容纳1万或以上居民的单位，其本身就可以被看作是大城市内部的微型城市。

社区就是最多步行30分钟即可横穿的区域。其实，"慢城市"运动所规定的城市常住人口上限就是5万，若超过5万就不利于坚持这个运动。

全球最好的城市都有个性鲜明的社区，它们是内部竞争的集中地，是城市活力之源。位于纽约中心的曼哈顿就是一个典范。切尔西等许多地区都曾在过去30年里与纽约西区竞争对艺廊的吸引力。现在，随着新当代艺术博物馆（New Museum）的建立，下东区成功建立了一个新的竞争集中地。中国城、哈莱姆或中城都是同一个整体的不同组成部分，有着各不相同的文化个性和功能性。

巴塞罗那有73个社区。许多社区的前身都是独立村落或小型城市中心，这些地区随着城市逐渐向大都市发展而被改造吸收，成了密集城市结构中又一新单位。因此，它们中有许多仍然保留着自身遗传物质中显著且可区分的个性，令它们可以像大城市内部的微型城市一样，让人们在里面生活、工作和休闲。

而在城市的快速发展期内，人们也会为了响应城市运行方式的特定需求而将社区建到郊区[比如邦帕斯托（Bon Pastor）]。在另一些地区（比如丘塔特梅里蒂安娜），社区内的住宅单位超过了3000，只有最低限度的商业活动，而且完全没有任何工作场所。而邦帕斯托等地则以工业小区为主，常住人口极少。不过，在城市中心（比如巴塞罗那扩建计划所覆盖的地区）会有一个大型社区，且随着时间推移逐渐被改造为一个多功能的地区，城市中有的一切都可以在这里找到，比如住宅、商业区、工作场所、学校、休闲场所等。

城市生态系统中的社区，既有多功能混合的，也有单一功能的，后者更像是一个更大实体的组成部分，为该实体贡献特定的功能，而非自成一个"城市"。

在经历过因大量农村人口涌入而快速发展的城市中，比如大量中国城市，新建的崭新社区数量可能多达80%，而有50年或以上历史的社区只占20%。这样的城市，其个性关系和功能关系都会较其他城市复杂得多。那些在自上而下决策指导下建立的地区，需要数十年的时间才能将复合型的住宅区转变为真正的社区。若能将它们当作独具个性的多功能单位，它们就可以为城市贡献价值，并丰富城市的多样性，而不仅仅是存在而已。

地方身份

互联网的出现，令人们可以摆脱地理位置的局限，与世界各地的人进行商品或信息的交换或交易，以人与人之间的这种联系为基础，互联网在21世纪的头十年里推动了全球化进程。其实，印度国内有数量庞大的科技企业，其中以美国企业最多，对这些企业来说，实体接近性已经不重要了，它们通过信息网络就可以开展各种各样的活动，提供各种各样的服务。法国或西班牙的电话公司可以将自己的电话服务中心设在任何地方，只要那里能找到大量会说法语或西班牙语的人，且劳动力成本大大低于本国水平。

信息网络为人类了解世界、进行知识交流创造了无限的发展可能，而这就是它的伟大贡献之一。

数字化为大量内容关联过程的远程（包括空间和时间）实现创造了可能，比如远程看电影、买音乐或买书。社交网络则为人们提供了遇见全球各国人的机会，让他们可以结交"虚拟友人"。不过，正如我们之前提到的，互联网并没有改变我们的社区，也没有改变我们与邻居之间的关系。互联网虽然可以通过网站上上传的照片或视频，为人们提供偶遇的机会，从而带来无实体的社会互动，但并不能带来能改善人类生活质量的积极的社会互动。人与人之间的实体接近性为发展"社区网络"（neighborhood web），从而为提供促进城市居民进行资源交流的平台创造了条件。

同理，尽管"栖息地"这个概念包括了个人可以从住宅、楼宇、公共空间、社区或城市层级本身获得的一系列可能性，让人们构建出独特、完整的生活方式，但"生活"这个概念与买房需求的关系比与"栖息地"的关系更为紧密。我们喜欢住在属于自己的地方。

其实，社区设计可以为创建大量不同层级，以满足个人需求的计划预留空间，创造出一个更高效且更利于社交互动的城市结构。这里所说的个人需求涉及了一个城市可实现的所有功能。

现代社会新城邦 [10]

我于2002年提交了一份关于在巴伦西亚市内设计并修建一个新社区的议案。该计划是在康索罗·西斯卡尔（Consuelo Ciscar）负责举办的巴伦西亚双年展的框架内产生的。这是为调研新一代社区应该如何构建提供的一个巨大机遇。

我们为该计划挑选了13位建筑师，要求他们为新社区设计一个多功能的楼宇。

我们邀请到的建筑师（及建筑公司）有亚博洛斯&赫若斯（Ábalos & Herreros）、外国办公室建筑事务所（FOA）、弗朗索瓦·罗什（François Roche）、曼努埃尔·高斯、格雷戈·林恩（Greg Lynn）、威利·穆勒、MVRDV建筑设计事务所、邓肯·刘易斯（Duncan Lewis）、鲁尔德斯·加西亚·索戈（Lourdes García Sogo）、何塞·马里亚·托雷斯·纳达尔（Jose María Torres Nadal）、爱德华多·阿罗约（Eduardo Arroyo）和伊东丰雄（Toyo Ito）。我们对市议会提交的土地总体规划进行了修订。因为城区土地稀缺，所以选址落在了农田上。那是一片优质的农业用地，有完善的灌溉渠道网，这一灌溉网络是由巴伦西亚被重新夺回前在此居住的穆斯林修建的。

尽管城市化意味着要在农业用地或天然土地上描绘出集体交通网络，安装基础设施，并以比原有面积更小的土地来打造城市小区，从而将它们转变为城市用地，为垂直建设服务，但我当时的建议是，应该尽量将变化过程保持在最小程度：应该赋予其功能而非结构。我建议将这整片地区打造成行人专区，将停车场安排在它的最远端，靠近现存交通道路。这样一来，建筑用地就限制在了这块农业用地之上，而其他农业用地将保留其原本的农业活动，不会用来修建任何楼宇。改造完成后，这里会给人一种中世纪的复古感，一系列的建筑空间和室外空间都安排得连贯性强且足够紧密。从功能角度看，我们是将城市内的各种基本功能都摆在了一起，然后分为了四类：住宅、工作（也包括商业和休闲）、基础设施和其他设施。

我建议让建筑师分开工作，一人设计一栋楼宇，设计必须包含住宅（或其他居住设施，比如疗养院）和另外两种用途。其中一栋楼宇的设计包括了住宅、一个市场和一个回收工厂；第二栋：住宅、一个日托中心和一个农业中心；第三栋：住宅、一个热电厂和一个休闲中心，等等。这样的安排之下，每栋楼宇都能满足集体（100人或1000人）需求而不仅仅用于满足个人（1人）的需求。

我们特地创建了一个网站，建筑师会将自己的第一版草图上传到网站上，这就令不同的项目之间能取得一致性，甚至为某个项目进行位置变动预留了空间。

我当时的职务成了"主要网络规划者"。

最初的那个计划还衍生出了一场展览和一本与维也纳建筑博物馆合作编辑的书，该博物馆总监是迪特马·施泰纳（Dietmar Steiner），这本书也成了稍后正式开始的社区工程的开发基础。

利于互动的城市规划

该计划的特点是其基础性，因为它引导我们仔细反思城市栖息地的多层级本质。人们并不是在各自家中生活。人们的栖息地是一个多空间组成的连续统一体，包括了公寓、楼宇、社区或城市，这样的栖息地才能够同时满足个人和集体的基本需求。

设施及其他功能中心的位置会对社会互动产生促进或限制的作用。只有居民之间的互动，尤其是在公共场所的互动达到一定数量才能形成城市。住宅、工作场所、休闲中心等实体设施的地理位置安排会决定邻里间自然偶遇可能性的多寡，从而促进或阻碍社区氛围的形成。

如果人们认可社区应该是住宅、工作、服务和基础设施等功能性节点组成的网络，那么就会在进行城市设计时为提供社会互动功能的实体机构预留空间。如果所有人都将自己关在狭小的空间里，不与邻居互动，那么这样的城市就不该称为城市。它更像是一个监狱，由一个个单人郊区构成，每个人都在害怕除自己以外的所有人。在管理层面，或在文化和经济层面，集体利益都来自人与人之间的互动，他们虽然参加的活动不同，兴趣爱好也不同，但却愿意作为同一个社区的一分子而居住在一起。

2003 年，该计划获准正式施行，地点选在巴伦西亚市的拉托雷区。该计划遵循之前调研中所制定的准则，目标是在尽量不损害市内非城市化空间的同时，（以最低限度的土地）最大化人口容量。

划拨给该计划使用的土地受到了高密度交通道路网的限制，成了城市边缘的一个农业岛屿。依据通常的做法，这一部分土地会被毗邻街道吸收为它们的一部分，从而被城市化，用于一系列城市街区的建设，时刻准备着修建楼宇和宽敞的绿地。不过，我们在刚迈入 21 世纪时就已认定，这是一个思考如何在新准则基础上建设城市的好时机，新准则将减缓各地的工作与生活节奏。另外，无法自给自足，依赖周边进行资源供给的地区也会被纳入该计划之中。

价值与价格

某个周六的下午，我到新社区那里散步，四处走走看看，正好遇到一个正用役马犁地的男子。

"你在做什么？"我问。

"我在犁地。"他说。

"为什么？"我追根究底。

"嗯，我很富有。"他回答说。

"富有？"我很疑惑。

"是的。周六下午到巴伦西亚市内的一块土地上犁地可是件多少钱都买不来的事。这是无价的。所以我很富有。"他如此解释道。

我的这次经历很清楚地解释了价值与价格的差别。东西的价格是由某地经济环境决定的，但价值却超出了经济环境所能左右的范围。

几个月前，我到圣塔玛利亚德拉瓦尔丁纳（Simat de la Valldigna Valencia）的修道院参加活动，那个修道院其实是在巴伦西亚乡村的中心地带，当时一同参加的还有来自世界各地的文化界人士。活动结束后，活动方带领我们步行前往一个又小又隐蔽的地方，距离大概有一公里。只见200多个衣着考究的人走在橘树林里，当时正是花期，橘子花竞相盛放，土地都湿湿的，虽然只是一个"普通的"小橘树园，却营造出了一种令人难以置信的空间进深感。

城市化乡村，乡村化城市

为了设计出现代社会新城邦社区，我们组织了一场讨论会，邀请了大量市民和学生，我们问他们，如果自家住宅在新社区中，会愿意看到住宅前出现些什么。

不同的城市往往相似程度太高，究其原因还是在城市规划上，它被当成了一个要严格按照规则执行的流程，根本不考虑当地的社会价值、文化价值或当地景致的重要意义。通常，城市设计，即城市的结构规划，只是为了满足利用某一经济价值的欲望，这就为人类栖息地的实体发展设置了结构限制。即使有钱，也害怕投资值不回票价。

因此，最好一边设计社区、进行城市建设，一边留心当下需要解决的问题，而非它们将来能具备怎样的社会潜力、文化潜力和经济潜力。

讨论会上所提出的议案中明确规定，要在社区中心位置修建一个足球场，作为促进全年龄段居民社会互动的空间。运动作为横向活动能促进社区内的人际交往。这块足球场将作为一条运动巡回线路的起点，而该线路还会与其他设施相连，比如游泳池，或一条允许人们进行体育锻炼的通用道路。现存的乡村道路将尽可能保留，毕竟这么多年它们都被一直保留了下来。

我们可以修建大型城市公园，从而将现存农业保留下来，将其打造成一种社交农业，而非半工业性的生产活动，让市民在自家外面也可以有地方种种水果和蔬菜。这片地区有一个庞大的灌溉渠道网横贯其上，这是来自埃及的穆斯林在1000多年前建造的。从这一灌溉系统就能看出，建造者拥有先进的技术知识，而且他们的故乡非常懂得如何利用水。这个灌溉渠道网至今仍在使用中，它将从图里亚河来的河水分成多股水流，分别引入许多不同的灌溉渠，灌溉渠则根据7个社区各自需要灌溉的土地面积进行公平分配。水量充足时，所有人都会有富余的水；枯水期时，所有人都会面临同等的缺水困境。这就是水的民主。因此，为了在这块农田上建造社区，我们对灌溉渠及其配水系统进行了分析，并制订了周围社区的设计草案，构思了将它们与拉托雷外围社区进行连接的最优、最有可行性的方案。

灌溉渠道网并不仅仅是农业活动的基础，它还是欧洲最古老的人民法庭，巴伦西亚水法庭的存在基础，该法庭刚刚被宣布成为非物质文化遗产。由该法庭管辖的土地面积在过去的50年里缩水过半，消失的农田都是在巴伦西亚城市扩张的过程中被埋葬了，确确实实就是字面意思的"埋葬"。而这个计划决定要保护部分农业用地，修复并重建灌溉渠道网，其实就是在保护水法庭这个非物质文化遗产。过去，每到周四水法庭就会在巴伦西亚教堂前开庭，这是一个已经延续了一千多年的古老传统。

不过并非所有人都与我们持有同样的想法。曾经就有人提议切断崭新的灌溉渠，而他们要切断的恰恰就是我们为打造主题公园质感而正打算翻修和重建的传统供水系统，该系统的水源都来自图里亚河，重建完成后的灌溉渠会很像过去所使用的供水系统，但实际是与市内灌溉系统连在一起的。我们的逻辑是要坚持使用传统技术和灌溉系统来重建城市内的农业景观。

这个社区的基本设计原则是最大限度保留未城市化的土地，创建一个设计优良且社会住宅单位数量最大化的社区，确定有利于社会互动的设施和公共空间可能的数量上限。鉴于这个计划的社会公益性质，预算是很有限的。

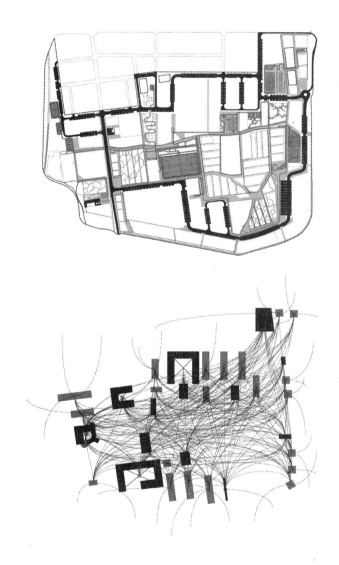

现代社会新城邦总体规划。

城市的兴起：在住宅与设施之间的道路上，由道路交叉口所形成的网络。

在街道最终布局修建完成后，公园周边会有一条可通向后方所有建筑的道路。这样一来，就形成了一个环形楼宇系统，所有沿环线分布的楼宇都"在公园前"，面向这个占了该区40%面积的大型中央公园。该地区超过50%的土地没有铺设道路，没有覆盖任何不渗水的材料，雨水可以直接深入地底。其实，将某地城市化就是用沥青将农业用地掩埋，形成道路网和硬路面的城市广场。

我们在自己的社区里遇到了一件有趣的怪事：为了实现部分能源的自给自足，我们建议在公共空间的建筑表面安装大量光伏系统。不过这个提议未获通过，因为负责接收和管理此类基础设施的市议会并没有专管能源的机构。洁净水、灰水、废料、循环系统和物流它们都管，但却不管公共信息网络或能源。我们社会中的两大关键系统——信息和能源——又落到了大企业的手里。

另外，在现代社会新城邦中，用于公共设施建设的土地面积是法律要求的三倍以上。这些沿环线分布的土地将被保留下来，用于修建具备社会功能（医疗中心、运动中心、日托中心、中学、艺术中心、音乐中心、农业中心）的楼宇，许多楼宇靠近顶楼的那些楼层还会用于修建补贴住房。在低层修建能促进社区内人员流动的公共设施是遵照了初始计划所设计的模式。这样的安排将为公共空间内增加无数交会点和集中点，它们规模中等，介于由住宅和企业构成的小型容器与由大型楼宇与绿地组成的大型容器之间。

一种没有传统城市结构的城市环境。

具备社会密度、功能多样性和空间文化。

这个社区既有足够的密度和功能多样性，还有有利于形成社会统一体的公共空间。因此，它能创造城市。

挖掘人力资源潜力

已有大量研究将这座城市作为一种经济现象进行了分析；它们将社区或市内经济活动的多样性作为衡量其城市活力和应变力的标准。但还有一个比企业或组织更小的单位：人。城市中充满了未激活的人力资源。不同文化中的教育模式或工作组织模式会促进或阻碍人将自身潜力转化为城市经济价值。

在发展中国家的城市中，非正式经济常常是城市经济的重要组成部分。波哥大就是此类典范，波哥大市内存在大规模的非正式市场，比如圣维多利诺（San Victorino）市场，家庭成员会在那里出售家庭作坊生产的产品，为了将产品大量出口到中国、印度等国家，市场内还专门建立了物流平台。在发达国家的大城市中也有大量有技能、有才华，但总难以符合"市场需求"，或无力接受像样教育的人。问题并不是他们知道什么，而是他们不知道如何运用所知参与社会活动与经济活动。

既具有专业知识，又有完成城市任务的能力，但却没有被激活，这样的人就有点像是未被发现、开采的地下油井。他们都是无形资源，如果不激活，就会随时间流逝而逐渐消失。城市若愿意为外来移民提供机会，他们就会为城市输入新的知识和态度，从而丰富城市的文化遗产和知识，增强城市的DNA。硅谷数字化革命中的许多创新企业都是由外来移民或其后代创建的。在危机时期，城市更应该将一部分精力用来筹划社区内的社会创新项目，尤其是在最弱势的社区，或居民与大城市社会现实脱节得最厉害的社区，以创建联系机制和网络，以加强城市生产系统与人及其潜力之间的联系。

城市除了拥有成片的建筑外，还有需要进一步巩固的社会资本，这些社会资本都是在几十年的人际关系中建立起来的。当我们考虑修建一个新社区或一座新城市时，应该以促进居民间的互动、推动社会关系构建为基础。一座城就是一个社会发明。

一座城就是一种思想。所有市民思想的互动就是让它维持日常运转的动力。

现代社会新城邦中的菜园

西班牙最大的市内菜园修建在萨博内（Saboner）农舍周围。这里有300个小区，由该社区及周边社区的居民管理，用于食物种植。

若园内作物管理得当，就可以生产出足够一家人食用一年的蔬菜。这个新型农业社交俱乐部的创意是从帕尔克德米拉弗洛雷斯（Parque de Miraflores）学来的，那里的社区菜园就建在一个垃圾堆的上面，而垃圾堆下是一栋罗马式别墅的遗址，该别墅内有古老的农业建筑。它们在农夫之间营造了一种不分年龄的合作文化，儿童和年轻人也会花时间来种菜，而非从事传统的城市休闲活动，另外，他们还会参与城市公共空间的管理和修建社区。

另一个成功模型是由巴塞罗那市议会建立的，其中每个区都有大量城市菜园，且都修建在前乡村农舍周围。这些菜园所接收到的使用请求有时会达到可用土地面积的10倍，所以它们时常都得轮换土地使用权。

在社区内分享信息会提升城市效率

现代社会新城邦的规划中还包括修建大容量的内联网。企业可以有内联网，社区为什么不能呢？为什么我们总是不得不依赖信息服务企业？这些企业可以免费使用大街上由开发商投资建立的网络。

各种当地网络能促进邻里之间的社会互动，并让他们能够以更低成本过上更高效率的生活。

除了实体的基础设施外，社区还利用信息技术创建了自己的合作网络。

社区网站将是全球社区的基础平台。这个社区网站的存在，令活动的开展摆脱了物理空间的限制，为进行更大规模与居民资源有关的活动创造了条件。举个例子，许多人家里都有书。传统的做法是在社区内修建图书馆，方便居民阅读不属于他们个人的书籍。

但一个联网的社区图书馆可以让居民分享各自拥有的图书，只要他们愿意用自己的书换其他邻居的书就行。

住宅内的任何资源、任何空间（厨房、办公室、休闲室、休息室）都可以在社区层级进行等价交换，只要所有者愿意将相关信息提供给社区，并有一张人际网，将所有愿意在社区内进行交换的人聚集起来。

其实，只存在于社区层级的资源也可以成为互动的组织中心。资源使用者可以自行聚集起来，在社区内组织各类运动比赛。

联系的存在是许多城镇的重要特征。我们也许能想象这样的画面，年长市民为年轻人烹制佳肴、大学生给儿童上课、不同领域的专业人士为邻居提供帮助，那里通行的唯一货币就是善意。或者在一些例子中，将时间银行业务当作管理这些关系的系统。基于实体接近性建立的，会进行资源信息及潜在价值信息分享的人际网在转变城市多方面运作方式，和提升城市社会资本上有着令人难以置信的巨大潜力。

尽管在最近几年建立起来的此类社会中，一切资源的交换都是金钱买卖，但我们还是有别机制可决定事物的使用方式与市民之间的关系。除了买卖之外，分享、租借或赠送也是可能行得通的事物使用方式。

热门的社区管理计划

社会团体相对较小，各个家庭的不同世代多年来都有互动，所以社区居民都相互认识。因此，社区内的社会团体可以由特殊的计算机系统激活，这些系统让邻里之间能够互相了解，并从相互间的关系中共同获益。

普遍的恐惧是特定新闻报道扩散后无意识的产物，而这种恐惧甚至可能升级为更大的恐惧。因为有住宅活动范围的限制，所以社区是重建居民对集体兴趣的自信和兴趣的空间。

许多美国城市的市民也开始谈论"社区"了。这些城市许多都是围绕个性化这个理念建造的。住宅就是以"房子"、空调、一台好冰箱加上门口的美丽庭院这种形式存在的容器。一群紧挨着的房子并不能组成社区。

这就是人们一直在谈论增加郊区密度、创建促进社会互动的机制的原因了。

城市应该在居民层级，也就是社区层级进行重建。城市警察要知道居民的名字，当与我们擦肩而过时，要用我们的名字与我们打招呼！

社区网站计划应该是诞生于欧洲城市等密集城市的一种应用，带有城市感。它们也许应该由城市"管理员"推动，并被当作像城市空间一样可供居民使用的工具。因此，西方城市需要建立新型的公民领导权，认可公民与社会之间的新关系。

现在的政治总让我们想起封建主义，在封建社会，谁掌权，谁就会把权力当作控制社会而非推动社会发展的工具来使用。每四年举行一次选举已然不够了。出生于互联网时代的政客一旦为人所周知，就会理解推动社会进步，而非控制社会的价值。

地中海以南国家爆发的革命就清楚地证明，控制已不足以用来管理新型社会了。社交网络给人们提供了自行组织的工具。一座城市，要在21世纪跻身领军地位，就必须能像团队一样工作，并且了解由强大、自由、有冲劲的个人所组织的集体的价值。

与此同时，我们还提议在巴伦西亚建立一个属于社区全体的纤维光缆网络，为建立彼此联通的大型计算机系统创造条件。

为了发现不明飞行物而建立的"搜寻地外文明计划"（SETI）就是一个例子，让我们了解如何将数千台计算机在不被任何人使用的情况下连接起来，执行个人电脑不可能执行的任务。天文学家阿图尔·塞拉告诉我们，社区层级的分布式计算系统与绝大多数重点科学研究中心的超级电脑不相伯仲。阿图尔·塞拉还与塞巴斯蒂亚·萨连特（加泰罗尼亚理工大学）联合担任了加泰罗尼亚二代互联网（Internet 2）计划的领导人。

分布式计算机系统、分布式烹饪、分布式图书馆、分布式运动、分布式教育，资源共享可以让你用得更少做得更多。

这些都是为革新城市、创建能进行人对人社会互动的空间而提供的新范例。一直以来，人对人直接社会互动都离不开公共空间。

5．公共空间

在信息社会，公共空间看起来应该是什么样的？

如何在公共空间创造集体认同？

在一个高度互联的世界，街道的作用是什么？

城市的公共空间定义了人群建立社会的协议。社会互动交流的规则在此写就，文化归属和城市认同在此形成，房屋和设施在此推动了城市的运行。

从雅典到罗马，从中世纪古城到北美洲新城，从塞尔达到勒·柯布西耶（Le Corbusier），从昌迪加尔到巴西利亚，从凤凰城到迪拜，楼宇之间的距离、街道的路段、楼宇和设施之间的关系、填充其中的城市元素，它们的价值都由建设在城市里的社会空间所决定。

城市的建设是（城邦政府的）政治设想和资源管理效率之间的平衡。

欧洲城市布局紧凑，美国西部城市布局分散，紧凑的城市有高密度的运输方式（地铁），分散的城市有低密度的运输方式（汽车），但由城市密度不同导致的差异不仅影响了应用于城市的技术。它们还代表着高密度和低密度的空间利用方式。

19世纪，城市化进程拉开序幕。运输系统和资源供应系统等支持城市运行的系统开始得到广泛完整的部署。街道和设施构成了城市的新陈代谢系统，系统层叠相加，最后呈现在表面的就是城市的公共空间。

只有在具有治理结构的地方，城市化进程才能推动城市的建设。联合国人居署署长琼·克罗斯（Joan Clos）[27]称，世界上有的城市不存在街道和设施，因为其政治体系不够稳定，无法对其形成支持。建设街道并不仅仅是把一系列功能设施堆积起来，它是城市文化的最高级行为。

巴塞罗那在过去数十年开创了城市化过程中公共空间建设的独特模式，但这种模式还没有形成自发行动。在20世纪80年代之前，为了在街道建设中加入不同的独立城市元素，奥里奥尔·博依加斯（Oriol Bohigas）[28]设立了巴塞罗那城市项目部。项目部的内部存在分工：负责街道装饰的部门按照一定的排序设置垃圾桶和长椅，负责街道景观的部门对城市园林进行管理，负责街道照明的部门安排街灯。公共空间中的所有这些元素共同组成了"街道"。

一名设计师负责领导城市街道改造项目，他会根据民主政府新系统建立后想要传达的新价值观对人群互动的空间进行划分。"项目"将决定如何正确结合材料、城市元素、自然元素、照明法则、商业交通、行人交通、步行商业街和大街道。"项目"一经确立，城市的改造就开始了。纵观世界各个城市，有些会在公共空间设置集体设施，给社会和经济活动提供场所，有些则会将其用于私人领域，以体现资本的积累。

现在，随着信息技术的发展，公共空间建设项目变得越来越复杂。信息技术革命可以使城市通过重新规划提高运行的效率。自足城市既能提高市政设施的运行效率，也能让信息技术公司和世界上绝大多数资本公司在新的经济活动领域中攫取利润。

能使城市得到再生的是生命科学，而非机械技术。城市是由人发展而来的生态系统，而人是自然生态系统的一部分。但是，在19世纪的第一波城市化建设进程中，发挥关键作用的是土木工程技术；在20世纪，建筑学成了建设楼宇、社区和城市的关键；在21世纪，信息化组织城市的基础学科是城市生态学。

世界上大部分人生活在城市中，城市里进行的活动正改变着我们的气候。

我们所使用的城市系统早应被淘汰，这种体系使得城市大量消耗资源，产生废弃物，污染空气。我们需要根据网络化的自足城市所需打造一套新范例，并将其纳入城市系统之中。

我们应该根据新范例安排城市生活和空间建设，并对公共空间进行设计，将城市打造成一个模板定居点，这是城市发展的关键性结构选择。我们应把环境、技术和文化这三者结合起来形成新理念，并用这套新理念来设计和改造城市公共空间。

在城市改造的过程中，我们应该采用那些为新型模范城市打造的技术，而不是采用那些为提高衰败城市运行效率而出现的技术。后者的目的仅仅是让那些衰败城市变得不再衰败。技术追求的应是目标，而不是简单的应用。

城市的效率

当你身处在一个人口稠密的欧洲、美洲或者亚洲城市，看着世世代代的人们投入大量心血和汗水建立起来的"街道"，一种不可思议的感觉会从心底升起。

一道道门和一扇扇窗的后面，是成千上万的人，这些人身上，更是藏着无数的故事。人群在此聚居，形成一个社会，街道就是社会的奇迹，效率的典型。对一座人口稠密的城市来说，它既是人与人渴望和平相处的范例，也同样是能源效率和资源保育的范例。

历史上，人们出于防御的目的不断加固城市。如果从防御的角度考虑，在一块紧凑的土地上建起的城市将更具实用性，因为在这样的土地上建起的城市有着相对较少的物理要害处，需要投入的防御力量也就相对减少。在欧洲，许多文明（古罗马、穆斯林、基督教）在给城市建设城墙时都选择把城市面积控制在管理范围内。一座城市必须保证市内供水，在大部分城市中，水来自于水井。此外，城市还必须能够储藏充足的补给。

我们可以把北美洲的城市看作是扩张型城市，因为没有敌人会对那里发起攻击。然而，许多高密度城市同样也坐落于北美洲：在曼哈顿的街道上，无数的商业、文化和社会活动在同时进行。近年兴建起来的亚洲城市可以将曼哈顿作为高密度城市建设的榜样，因为曼哈顿成功地把市民紧密地联系在了一起。

在紧凑型城市，以街道为主的公共空间是市民的交通媒介，交通媒介应致力于减少交通所需的时间和能源。在这样的城市中，供水和供能系统也应更加高效，因为它们的覆盖面相对较小。此外，由于城市中许多楼宇相互毗连，因此它们共用外墙，这使得外墙面积减少，因此也就减少了能量的散失。

紧凑型城市是人类创造的奇迹，发展和支持这类城市需要对应的治理系统。

城市地面上的节点通常具有基础的商业功能。农产品的富余为人类历史上第一个城市的出现打下了基础。如果有几百个人想兜售自己的商品，与其私下相互兜售，更高效的方式是让他们在同一个地方，也就是集市进行交易。

城市能增加生产环节的价值。中世纪欧洲城市有行会，现在有产业技术集群，这些空间积累了知识，能促进科技和知识的发展。

城市能调解利益。

20世纪初是人类历史上最为动荡的几个时期之一。一些对人类历史影响重大的社会和政治变革在此时发生。这一时期的人们对未来的机械时代充满了信心，但没人思考地球资源的有限性和人类对地球造成的影响。由于数十年的发展和世界人口的激增（1920年全球人口数量为18.2亿，到了2010年，这一数字增长了近三倍，达到69.1亿），这套全球运行体系已经崩溃。

现代城市受到了包豪斯学派和建筑师勒·柯布西耶[29]的推崇，但它是机械时代下乐观主义塑造的成果。"功能型城市"（the functional city）[30]把土地按功能分区，这是机械结构对自然秩序的反抗。

生态系统若要延续，就得用最少的能量消耗完成最多的功能。所以狮子出现在了斑马身边，斑马在草原游荡，草原靠着水源地生长，水源地周围又有各种树木，树上还能找到各种各样的昆虫，这些昆虫也发挥着不同的作用，整个宇宙就是由这些不同的部分组成的。

除了按功能进行分区，现代城市设计还推崇结构开放。在开放式结构中，楼宇、公路、环形空间、绿地等都被公共空间隔离开，这些城市节点之外的空间就是城市生活的舞台。

这样一个世界导致了汽车的大规模生产，汽车的大规模生产又引发了欧美的城市扩张，并催生了新的商业类型、工作地点和产品。现在我们知道对一片占地巨大的城市进行"解构"是一种极其低效的做法，要维持这类城市的运转，需要消耗大量的能源和资源。

互联的自足城市的基础是现有城市的复兴。在欧美城市，许多楼宇因为效能低下而被推倒，这简直令人摸不着头脑。楼宇的建设需要消耗大量能源，把楼宇推倒同样需要消耗大量能源，而推倒楼宇后重建社区改造城市，同样需要投入大量资源。

城市总是在自身基础上发展。

像凤凰城这样的城市，其布局由交通系统决定。凤凰城的郊区面积在世界上数一数二，这套城市系统能在不对当前城市结构进行基础性改造的基础上完美支持布局紧凑的城中心。其实，现在有许多城市在减少街道，增加建筑容量，其核心无非也是周期化地浓缩功能区而已。美国的许多城市也应开始对功能区进行循环和浓缩，以提高城市效率，降低能源依赖程度。这将会成为一个历史现象。

紧凑型城市有着适应力极强的公共空间，它们能支持功能分区和生产分区的改造。中国台北市中心就是一个极佳的案例。台北市中心通过相连的大街道划分了超级街区，并用小型道路把景观、低层楼宇和夜市连接起来。

圣保罗也是一个极佳的案例。这座城市就像美国城市的郊区一样，通过街道使城市变得系统化。但是，整个城市的密度是参差不齐的，在一条条相似的街道上，二三十层的高楼和陈旧的低层别墅、会议室、家庭餐馆以及小公司混在了一起。摩天大楼边上围满了贫民窟，高楼大厦之间挤满了小平房，尽管城市化进程中出现这样的风景是不寻常的，但这座城市却是城市化的优秀案例。

　　孟买许多地区的城市布局深受英国城市文化影响，同样受到英国城市文化影响的还有众多中国城市。这些城市无止境地建设，想让自己成为一个大都市，这就需要对新建郊外社区和公共空间的质量进行结构调节。

　　许多亚洲城市的局部地区看起来跟战后的东欧城市一样，这些城市中的许多社区毫无差异性可言。但与东欧城市的小楼房不一样，这些亚洲城市建的是35层的高楼。这些城市就像纽约一样，在平地上密密麻麻地插了一万座高楼，但高楼的长相却是一样的。这样的城市既没有城市街道的构造，也没有对商业和办公进行差异化分区，根本就不像一个城市。

　　许多欧洲城市在城市发展中也遇到了这样的问题，这其中就有法国郊区。这些地方用一种短期手段解决了大量外来移民的住房问题，但是却没有配上相应的城市空间和社会规则，所以这些移民也就没有办法成为市民。

　　如果我们对许多兴建之中的亚洲城市进行分析，我们会发现它们的城市结构基本上都是过时的，因为它们与城市建造的新原则背道而驰。这些城市建立的思想依据是对资源的消耗，但这种思想已经不再适用于当今世界。

城市的速度

　　基于这些原因，我们需要为未来新建的城市准备一套新典范。在欧洲紧凑型城市的复原和世界特大都市的改造中，这套新典范同样也能用得上。

　　每一个城市都会根据其经济和社会活动而在特定的地点分配特定的功

能，这样的地点也同样需要独特的运行方式。根据当前模式中对城市运行结构五种网络的划分方法，公共空间负责调节城市人口的交通出行。但公共空间不只是拿来给人流和车流进行循环流动的。公共空间同样是社会互动的舞台，人们在这里见面，社会现象在这里发生。

速度是定义城市空间的基础元素。在物理学中，速度与时间和空间有关。在农业社会里，马是必不可少的，整个世界以马运动的速度运行了好几个世纪。进入19世纪后，人们坐着火车开疆拓土，建设新城，世界便开始以火车行驶的速度运行。后来，火车经过发展，成为20世纪的城市轨道交通系统。在20世纪50年代后，世界开始以汽车行驶的速度运行，人们也开始用汽车来判断距离的远近。有些城市是以马运动的速度为基准建立起来的，这些城市里也能够开车，但它们却牺牲了社会互动的空间。

在互联网时代，信息传播的速度就是世界运行的速度。网络进入了千家万户和每个办公室。现在，人们出现在地球上的哪个角落，信息就开始从那里散发出来。世界也以这样的速度运行着。

如之前所言，互联网改变了我们的生活方式，但它还未改变我们生活的物理空间。那么一个世界应该以何种速度运行才能与信息社会相适应呢？

信息社会为人和人之间的互动增添了时间这一要素。远程工作和远程教育不仅打破了空间的限制，更是打破了时间的限制。

时间是我们生活中的一个必要元素。

在信息社会，我们同时生活在不同的时间和不同的空间之中。

一个网络化的社会使我们能同时打造高速全球系统和低速本地系统。

未来城市的社区必须拥有高质量的环境和高品质的功能。在这样的社区里，人们伸手便能实时与全球信息网相连。工作和基本的购物需求均能通过步行或公交系统得到满足。教育和商业也被融入了城市的框架之中。与此同时，城市中还有一套高效的交通系统，人们可以通过这套系统前往其他社区、机场和高铁站。人们能从城中的各处公共空间连入世界信息网络。因此，免费公用Wi-Fi将成为公共空间的一部分。难道人们还要为使用街道而付费？为了参与商业和社会互动，信息系统将成为城市交通系统的基础组成部分。

未来城市在建设过程中应把"智慧"环境和"慢"环境结合起来。许多"慢城市"共存于一个自给自足的"智慧城市"之中。

街道不是公路

在巴塞罗那埃桑普勒区，伊尔德方索·塞尔达是一个走在时代前面的人物，他打造了一套前无古人的路网体系，这套路网体系能够保持城市交通的全面流动。街道被划分为行车区、行人区和为公共空间提供服务的楼宇建筑区。街道上还有供市民打发时间的绿地。比如说"广场"，在18和19世纪，城市广场是市民集会的空间，但自从欧洲城市的城墙被推倒后，扩建的城区并没有出现广场。纽约也没有广场。时代广场更像是一个放大版的中世纪城市路口，而不是一个典型的19世纪城市广场。

汽车工业的发展使得城市能够不受限制地蔓延式发展，美国就是一个典型例子。汽车的移动速度带来了新的生活方式，并引发了重要的转变。

城市发展中出现的另一个图景就是市内公路的建设。

在20世纪50年代，拥有一辆车并能够在各地驾车自由穿梭，象征着社会和经济的进步。实际上，交通工程对城市的发展有着巨大的影响。在那个时候，有人提出要在纽约第五大道上建一条公路。地理学家简·雅各布斯（Jane Jacobs）[31] 和其他人发起反对运动，最终成功地阻止了高速公路的建设。在20世纪60年代的巴伦西亚，有人提出要在图里亚河的河床上建一条公路以改善城市交通。人们发起了声势浩大的反对运动，公路建设计划最后流产。数年之后，河床被改造成一座长达15公里的公园，公园周边还有各类承担文化和社会功能的设施。

然而，许多城市里还是建起了高速公路和高架桥，这些都是工业发展的伴生现象。因为工业强调的是生产、交通和城乡集中发展的观念。最终，巴塞罗那也跟世界上其他许多城市一样，建起了许多公路和高架桥。

交通越发达，意味着公共空间越少。

20世纪80年代，欧洲城市兴起了城市环线修建运动，这制止了城市的铺大饼趋势。那时，巴黎香榭丽舍大道也正好在进行整修。整修过后，香榭丽舍大道的行人区面积增加，行车区面积减少。欧洲城市首次把行车空间还给了行人。值得一提的是，在这次整修进行的同时，许多城市也正好在拆除市区内的高架桥。

中国台湾的公共空间

2003年，我们前往中国台湾参加一个围绕基隆市滨水区[20]设计而展开的国际比赛，并取得胜利。基隆是一个距离台湾行政中心台北20公里的港市，市内并没有像广场那样的社会互动空间。基隆的社会互动在"夜市"上演，夜市是原始的城市商业节点。为了运输集装箱，一条公路结结实实地穿过了基隆市中心。这条公路把世界第七大港市和台北连到了一块儿。

在这条高架公路下边，是另一条沿着老河床修起来的公路。

基于这些原因，基隆市决定把市区内一块占地一公顷多一点的土地开辟成公共空间。因为一条交通繁忙的公路已经占据了火车站和市政府之间的空间。

我们提出的设计是建设一大片由木板铺设的平台，并在上面点缀各种城市元素。基隆市民很快就接受了这个设计，并开始着手将其变为现实。

许多城市在发展量的同时，已经开始面临如何发展质的问题，这场设计大赛就是城乡公共空间建设的绝佳案例。在当下的中国和印度，建筑和设计已经成为进步的指标，城市的公共空间就是这个指标的展示窗。

减少强制交通

自足城市应减少公共空间交通的能源消耗量，使其降至最低，强制交通更是重点削减的对象。我们应在世界上更多地传递信息，而不是人和物。为了减少城市的能源消耗量，我们应该发展智能交通。智能交通并不仅仅是通过安装各种传感器来更好地管理交通，也不仅仅是在汽车上安装网络导航仪。为了减少城市的能源消耗量，我们应该尽力减少强制交通，避免让成千上万人被迫横穿整个城市，去另一头工作。

通过城市地铁、公交和有轨电车维持强制交通，意味着城市公交系统的大量能源投入。在巴塞罗那，24%的能源消耗被用了在交通上，而其中95%的能源来自石油衍生物。同样，城中人均上下班时间为一个小时，如果用生产力来衡量这一个小时，那么它在经济学上会是一个很大的数字。根据西班牙储蓄银行的研究[32]，这一个小时相当于西班牙GDP的3.5%。

在混合社区里，人们既可以生活，也可以工作。如果有50%的人把生活和工作放在了同一个社区，大量的能源和时间就可以被节省下来。

比如说，如果工业社区在城里，住宅社区在市郊，那么白天工业区就会生机勃勃，住宅区则是空空如也，到了晚上情况又会反过来。我们应该首先下手对这样的城市进行改造，把生活和工作这两种功能混合起来。

在一个企业社会，工作地点周围有着最好的网络和环境。

在20世纪八九十年代，有人提出了用远程办公来减少能源消耗，提高生活质量的想法。因此，许多通勤距离较长的公司开始鼓励人们至少用一部分时间在家办公。在美国，这种情况尤为普遍。

在一项名为"作为土地平衡因素的远程办公和远程计算中心"的研究中，我们研究过有多少种工作可以部分或完全通过远程办公来完成，又有哪些横向资源可以通过网络投入工作之中，而不用在公司完成。经过研究，我们发现在欧洲有40%的工作可以通过联网完成，这意味着我们可以制定一套不必通过人与人的日常接触来实现的工作和学习机制。

从另一个角度看，如果50%的人每周花费两天在家中或者家附近的资源中心工作，那么城市的强制交通量就会减少20%。

强制交通的减少意味着我们可以减少对公共交通系统的投资，或者拿这笔省下来的钱对公共交通系统进行改造，使其变得更加生态和高效。

通过运用各种手段使人在家的周围工作，是自足城市需要实现的一个基本目标。自足城市的街道中应该存在一套慢网络，人们在此生活、工作、休憩，这样将会减少城市强制交通的总量。

纵观20世纪，我们发现城市里的车流变得越来越密集。现在，城市改造的关键是把人们失去的时间和生活方式还给他们。一个人最大的幸福，就是能在兼顾家庭和兴趣的前提下选择工作地点。

健康城市

公共空间也有责任为每一位居民创造差异化的环境品质。

塞尔达在设计埃桑普勒区时，在每一座楼宇的前面都留了一段街道，这些街道连接着城市的其他部分。但他同样在街区内部设计了绿地，健康的新鲜空气能直接进入千家万户。我们都知道，当一条街道开始发展交通，被牺牲的总是绿地，取而代之的是更大的城市密度和更高的生产力。

在未来几十年，拓展公共空间将成为城市的一项重要工程。这项工程需要在楼宇周边设置更多绿地，提高公共和私人交通系统的效率，减少强制交通。

无健康，不城市。

随着时间的发展，城市与公共健康相契合变得越来越重要。城市系统引发了包括呼吸道疾病在内的一系列疾病。我们应该投入资源改善城市公共空间，增加绿地面积。适宜于城市的温度和湿度将减少城市热岛效应，并减少由高温和城市污染引发的疾病。

许多大学已经开始动手研究城市设计对公共健康的影响，他们同样也在研究改善居住环境能在多大程度上提升市民的健康水平。

城市的栖息地必须于人的生活有益。

楼宇的建筑材料必须于生活品质有益。

城市和楼宇由建材堆积而成，这些建材可能是帮助打造宜居城市生态环境的绿色材料，也可能是一大堆有害健康的化学物质。由于人会与这些材料发生直接接触，因此有害建材将对人的健康产生严重的短期和长期影响。

如果19世纪的城市扩张是为了改善人的居住条件，那么21世纪的城市复兴运动应致力于使城市建材和生活状态与人相适应。

大街道

如前文所言，城市至少以两种不同的速度运行。如果一个人的工作地点离家更近，那么城市里的私人交通就会减少。从社区层面上看，我们可以增加城市中行人和自行车的活动区域。从城市层面上看，我们应该发展廉价的城市高速交通系统，减少对环境的影响，并尽量减少对公共空间的占用。

为了实现这种可能，我们可以同时从交通系统和它与城市的融合程度下手。在20世纪60年代，巴西库里提巴市市长、建筑师、城市规划师及《都市针灸术》（*Urban Acupuncture*）[33]一书的作者杰米·雷勒（Jaime Lerner）发明了一套"城市化公交系统"。其构想是用最少的投资换来最大的城市转变。这套系统利用了城市中道路宽阔的优势，设置专供大型双铰接客车行驶的车道，人们从在公共空间的车站买票，而不是上车买票。这套模式被引入墨西哥、哥伦比亚和整个拉丁美洲，墨西哥用的是城市大巴，哥伦比亚用的是快速公交。

而欧洲城市发展的是投资巨大的有轨交通系统。有轨电车线路每公里造价高达7000万至9500万欧元（如果有隧道，造价还会更高），城市大巴则每公里耗费5万欧元。在过去几年中，大量欧洲城市重新引进有轨电车。它们的优势在于依靠电力运行。但它们也有缺点：极具侵略性。有轨电车需要占用公共空间，并铺设架空电缆和地面设施，还需要设置一套看起来十分过时的保护系统，这套系统老旧得仿佛能把人从21世纪拉回19世纪。当城市大巴在大街上用电力畅行时（这样的日子已经不远了），与有轨交通配套使用的这些设施笨重死板，还能有什么意义呢？

再造都市交通

城市发展的另一个战略是重新思考城市交通布局，万一哪天城市大巴被另一种交通工具取代了呢？

巴塞罗那城市生态机构与巴塞罗那公交运营商共同提出了一套关于巴塞罗那公交系统的构想。构想十分简单：既然巴塞罗那的道路由正交网格构成，那为什么不让公交线路沿着一条街铺开呢？每三条街就可以铺一条线，这样的线路可以垂直铺设，山海相连，也可以水平铺设，从约伯雷加特河铺到贝索斯河。

现在的城市公交线路是由历史惯性和一系列偶然因素决定的，随着城市交通的进化和运输设施的新建，它们已经开始变得过时。现在的城市公交线路就好比是在地图上倒了一盘子意大利面，甚至有5条公交线路穿过了同一个街道。所以，巴塞罗那近年来减少这样的公交线路也是一件可以理解的事情。除了那些养成了习惯的市民，对其他大部分市民来说，坐公交几乎是一件难以完成的事情，因为现在的公交线路既不合理，也让人难以理解。让公交线路沿正交网络铺开的构想是让每条线路按照对角线交叉运行。这种布线方式意味着超过50%的人能够每5分钟就等到一班公交，仅有10%的人需要多花费一些时间，因为他们之前没坐过公交。然而这些人一旦坐过一次公交，他们在下次登车时就能把之前记下的各种繁杂线路都给抛在脑后。因为如果采用这种布线方式，无论你在城里哪个地方，方圆300米铁定会有一个公交车站，从那儿登车，你能到达城市的任何一个角落。沿着水平线和垂直线分布的公交系统能做到运输的最大化。新路网只需要布置26条线，而之前的数字是80条。

最开始时，人们扩建埃桑普勒区是为了让所有居民都能享受同等的交通服务，大家在交通上的花费越少，城市中的人也就越能相互理解。

为了把路口留给公交车站，塞尔达在设计城市时特意扩大了路口，因为公交线路会在这里会合。事实上，这套系统恰恰体现了塞尔达设计的精妙之处。在萨尔瓦多·鲁埃达看来，每三条街道中就有一条较宽的街道，这使得四百米宽的"超级街区"（superblocks）[3]成为可能。在超级街区中，我们可以减少行车区，扩大行人区。

同样，这种改变会导致城市中大街道的模型发生改变，在环形路上创造出对角线交叉。迪亚格纳尔（Diagonal）、帕拉莱尔（Parallel）和玛瑞迪那（Meridiana）这三条大道会成为市民和行人的轴心线，而不是用来承担大量交通。研究显示，除了解决交通问题，这些街道还能成为城市参考的极佳参考。

2010年，何塞普·博侬加斯（Josep Bohigas）与许多人一起动手对帕拉莱尔大道进行了改造，使其能够在双休日举行重大活动。在20世纪初，这条街道是休闲中心，咖啡馆、餐馆沿着街上的人行道一路铺开。经过改造，人们可以在这条历史老街上举办体育赛事、节日庆典、演唱会和展览。这种改造重新强调了街道是市民活动空间这一本质属性。波依加斯将其称为城市塑料路障设计：相对于其他对城市空间开展的重大改造，这种改造方式无须任何投资，只需要安放几个塑料路障切断交通，市民就立刻接管了这块公共空间。

越来越多的城市在需要暂时拓展公共空间时，都开始利用这种挪用商业和交通区域的方法。

时间成为了城市功能的一个变量。

通过运用新规则改变其功能，每一座城市的每一条大街道都能被改造。

对城市的测试能反映出其变化的潜力。

减少在城市中寻找停车点所需的时间

减少交通能源消耗的另一个目标是减少汽车在公共空间中花费的时间。减少城市里的汽车数量无疑能使交通变得更便捷。另一种便捷交通的方法则是减少人们在寻找停车点上花费的时间。

信息技术提供了解决这一问题的手段。事实上，导航仪已经成为今日汽车的标配。最新的手机上都有内置GPS追踪系统和导航系统。就目前而言，这套系统能在城市中帮你指路，却不能向你提供关于公共空间停车情况的任何信息。如果在停车场安装传感器，每辆车每次找停车点的时间就能少十分钟。

世界上各个国家在安装城市停车点传感器时有各种不同的方式。有些国家是磁控，有些国家是光控，也有些国家是两者结合。一旦这些方法被城市里的每一个停车点采用，司机就能直接通过导航系统找到空车位。

近几年，巴塞罗那开始在安装了咪表的地方实行绿区（居民停车的空间）和蓝区制度。这种制度增加了停车费收入，新增收入可用于维护、管理和改造公共空间。

其实，汽车熟知城市，而城市却对循环其中的交通工具知之甚少，也不知道它们将前往何方。每个星期天下午，在巴塞罗那的入城道路上至少会有一条车道改变行驶方向，以提高车辆的入城速度。如果城市知道每一辆交通工具的目的地，它就能重新编排街道的行驶方向，控制交通灯的时间长短。这将极大地提升交通效率，减少交通工具在路上耗费的时间，其结果便是能源消耗的大量减少。"智能城市"将在未来几年发展这种战略。

在不久的将来，交通灯和道路行驶方向将被整合到汽车和手机的导航系统中，这将能帮助司机随时随地选择正确的路线，更快地到达目的地。

按次付费的街道

近年来，像伦敦和斯德哥尔摩这样的城市发明了一种控制市中心车流量的新策略，那就是使用一套根据执照收费的系统，按次收费。用杰里米·里夫金的话说，这是一个"接入的时代"，使用比拥有更重要。然而，市中心的某些公共空间也存在着比较矛盾的情况，例如主题公园必须付费进入。

这种策略只对掌握更多经济资源的人有利。如果将利用公共空间和利用互联网放在一块儿对比，我们能够发现，互联网的原则之一就是中立性。即使掏了钱，你也没法让信息在互联网上更快地流动。事实上，在巴黎、明尼阿波利斯和迈阿密这样的城市，人们可以在公共空间免费上网。对更有效利用公共交通系统的人进行奖励才是更符合逻辑的方法。

在洛杉矶和其他美国城市中，部分高速公路只允许至少载有两名乘员的车开上高速。

随着科技的发展，未来将出现根据交通工具的种类、出行时间、出行人数、行驶区域而对城市交通进行私人化定制的服务。但这不应建立在损害公共空间自由使用权的基础之上，我们应该奖励那些有效利用公共空间的人。

创造城市交通的标准

城市和管理城市的实体应该推动城市系统的进步，而不是单纯扮演一个消耗市场产品的消费者。

那么哪种管理城市的方式是可行的呢？

地方政府应该修订交通标准，利用标准来完成对公共空间和基础设施网的管理。从功能的角度看，这是公共管理者的一项基本任务。

让我们想象一下，一个只允许特定的交通工具在市中心行驶的城市是什么样的。举个例子，只有电动车，或者至少有两名乘员的车，或者宽度小于1.7米的车才能在市中心行驶（因为根据现在的道路宽度标准，只有这样的车才被允许停放在路边），这会是一种怎样的图景？如果这种图景成为现实，那么交通工业就不得不开发新技术，满足城市的要求。

当杰米·雷勒决定将大型双铰接客车纳入库里提巴的公交系统时，他选择与沃尔沃合作。其他一些城市也采取了这种方式。在另一方面，许多城市开始在本城范围内采用自行车共享系统。而电动车拼车的现象也已经开始出现。

城市应保持公共财政的可持续性，并利用科技推动城市系统的发展，在这两点的基础上，城市应该开发经济潜力以更好地服务市民。组成城市联盟有助于对汽车工业施展直接影响。这将使城市能够选择那些与之相容的元素，并决定城市中能够使用哪种交通工具——摩托车还是自行车。这也能让城市在为自我运作进行创新时获取经济利益。

城市运作系统

在信息社会，城市应创造一套标准，使城市的运行系统能与不同的网络和系统相连。

社会在每个阶段都会用既有技术对城市进行改造，使其变得更加高效和人性化。现在，互联的自足城市应该提高本地生产资源的能力，减少各层级的能源消耗。伦敦建筑协会的迈克尔·温斯托克（Michael Weinstock）称，文明若想实现自我超越，就得使用更少的能源，管理更多的信息。

新技术可以通过一个个连接在一起的小型传感器融入城市，获取信息以提高城市网络的效率。

联网体系能使城市不断获取其运行过程中产生的实时常量数据：交通状况、人口动向、绿地水压、垃圾桶里的废弃物数量、不同地区在不同时刻的光照需求、空气中污染物浓度等。

作为一个系统，城市的运行需要依靠各种服务网络。这些网络在协议的基础上发挥各自功能。在大部分情况下，这些网络只是无交集地工作，因此协作运行的优势也就无从谈起。就像政府部门一样，许多城市按照部门进行分门别类的扇形治理，每个扇形都是一个封闭系统，不得进行信息交换。在未来几年里，城市应着手获得城市运行过程中产生的信息，并将其透明化，寻找提高系统运行效率的方式。这将有助于改善城市的运行系统、提升效率并改善对城市服务的管理。

1985年，设计发布公司Santa & Cole在巴塞罗那创立，第二年，巴塞罗那申奥成功。

事实上，由文学出版驱动的商业模式与那些由生产设计材料、专攻机械技术的公司驱动的商业模式有很大不同。对后者来说，有些技术来自家族传统，并指向特定的生产方式（木工、金工或其他类似的行业）。作为一个设计发布者，Santa & Cole可以与任何制造商合作。对它而言，最重要的东西是设计的知识产权。在筹办奥运会的那几年，Santa & Cole发明的一系列都市元素现已成为巴塞罗那的公共空间形象，其中一些作品还是由巴塞罗那顶级设计师设计的。公司总裁哈维尔·涅托（Javier Nieto）称，当世界其他城市或者公司买下了公司的作品时，他们买走的其实是巴塞罗那都市文化的一部分。这家公司对公共空间的楼宇进行协调，使市民能在此共存。为了在公共空间的楼宇中加入更多系统性的特征，公司在2002年设立了林业部门。这样一来，公司就能覆盖从家具到景观照明这一系列领域，这一切"编辑"的基础原则是质量。

2006年，这家公司与加泰罗尼亚理工大学开展合作，成立了一家名为Urbiótica的公司。Urbiótica公司的目标是使城市的运行系统变得更为高效。

城市中的家庭自动化。

新城市的建设和新社区的建设应采用一套能够有效组织功能的新范例，这套范例应尽可能多地容纳高效都市系统。然而，当前面临的最大挑战是对既有城市进行改造，使其变得更加高效。现在，地球上已经有超过三十亿人住进了城市。

为了使城市变得更加高效，我们需要提高对既有信息的分辨能力。

在未来几年，城市需要着手进行再信息化。通过已安装在城市中的传感器，我们能够搜集到关于交通、废弃物、空气质量和其他方面的实时信息。在这些领域进行投资最终将回报自身，它们将提高公共服务的管理水平。

信息社会应朝着服务发展，而不是朝着产品发展。

其中一个很好的例子就是城市照明。现在的城市购买路灯，并支付这些路灯的电费和维护费。一个更聪明的方法则是结合城市街道和广场的需求，按照光照强度和光照质量招标。一套高效智能的照明系统应该把设计、品质和公共照明的特点结合起来。

数据开放的城市

如果城市产生了信息，我们能够获取它，也能利用它，那么，该由谁来控制这些信息呢？答案是市政府。

纵观20世纪，民主制度的巩固程度有目共睹。社会各个领域形形色色的人都能参加国会和市政府的选举。

这个星球上生活着70亿人，其中75%生活在115个民主国家中。

然而，全球信息网络的发展却有可能改变治理体系。

管理社群时，信息就是未经加工的原料。过去，为了控制社会，政府会对信息进行加工。公司为了维护市场地位，也会隐瞒关键信息，保护公司的资料和数据。

但是，近年来出现了许多开源代码和开源系统，这意味着市民可以参与其中，对他们使用的产品设计进行修改。

例如，近年来出现了公布城市数据的平台，这些平台致力于推动城市透明化，使政府和市民利用这些信息来提高生活品质。

在市民知情的情况下促进信息透明并在管理城市时理性决策，将成为21世纪政府治理的一项规则。

为了让数据更加易于理解和分析，可视化系统将得到发展。这一发展过程与政治人性化和城市治理息息相关，其手段则是制定透明化规则，并围绕城市管理进行决策。

政治定义了城市信息交换的协议。政府必须先制定运行系统和协议，并规定其中哪些应用将促进城市的发展。

在城市管理的新协议中，应该让民主成为一项日常活动，市民可以在获得足够信息的前提下更直接地参与过程。新协议的目标应是把市民纳入决策的过程。

6. 城市（1 000 000）

城市充满了能量。

为了对人的生活形成支持，人类用了好几个世纪来发展功能系统、社会系统和治理结构。

城市积累着物质能量，一个由楼宇和城市建筑构成的聚落需要大量的人、物质和经济资源。

城市同样积累着人的能量。城市是社会活动和智力活动的浓缩，个人、家庭、组织、企业为了满足生物需求，在此聚集，形成文化。

城市是一个生态系统，由市民组成的社区在这套物理结构中发生互动，为了提升人类生活品质而永恒地交换着物质和能量。

最后，城市是文化建筑。它代表着人类遵循共同理想建立起一个综合性社区的愿望。城市是一个教书育人、交换知识的地方。城市是一块创造之地。

城市的秘诀

城市如组织，有其自身的秘诀。城市明白为什么自己会变成现在的模样。人们对环境、功能和资源存在需求，城市的出现就是对这些需求最有效的回应。

在两座大小相似、住宅数量相同、楼宇总体积一致的城市里，它们各自的形状将由其发展过程塑造，而且这一过程受到各自所处环境和文化特征的影响。

城市跟生物一样，也是自然选择的产物。在中世纪，一些城市凭借地理位置和经济领导力成为国家的经济中心，而随着这两个因素的重要性开始下降，这些城市在今天只能沦为小型省份的首府。但世界上其他一些城市则因拥有必要资源，抑或是拥有物质或人口的优势，开始赢得竞争，成为新兴力量。

城市的形状不构成其定义。

即使世界上有哪个城市仿照巴塞罗那埃桑普勒区的形状进行建设，在巴塞罗那上演的社交活动也不会因为那个模仿品与之形状相同而被照搬。城市的积累来自小事情、大事件、人的记忆、人与人的关系、当地的经济、城市的文化和一代代人的自由移动。这是城市的"秘诀"。

城市充满了能量，这是使城市功能得以发挥的新陈代谢。然而，21世纪初的城市却自有一套新陈代谢。这些城市由一层层独立的系统堆砌而成，它们无不体现着工业时代的特征：外部消耗资源生产大量产品，并将其集中倾入城市，城市只是一个胃口巨大的消耗系统，却鲜有生产。

城市把自然界的资源变成了城市垃圾。

城市的时钟，城市的时代

城市是各个时代经济和社会状况的透视镜。城市的形状取决于城市的经济，它由各个时期的政治、文化和社会建筑组成。

在21世纪初，亚马逊的部落、撒哈拉沙漠以南的土著、蒙古的牧民、阿富汗的中世纪建筑、正在经历工业化的亚洲地区、美国的服务业经济，它们都在地球家园共存。

城市有一个时钟，它展示了随着城市的发展，社会、经济和文化建筑是如何经营的。城市还用一种近乎直观的方式展示了技术和经济发展暂时留下了怎样的有形痕迹。

几乎所有已知的城市现象都是为了响应社会、文化和经济的需求而出现的。我们能勾勒出全球城市现象发展的历史沿革，并推断在特定城市的特定时间会发生怎样的现象。一旦出现问题，会出现一个解决问题的领头羊，而解决问题的方式则会在最后被全世界接受和模仿。

每一座城市的物质和文化特征不尽相同，这意味着其中有些发展历程是无法重演的。此外，城市现象以不同的速度在不同的城市上演。

许多城市的发展都与一些特定的技术相联系。重型火炮和铁路系统的发展为19世纪欧洲城市的城墙倒塌奠定了基础。芝加哥在19世纪末心血来潮，给楼宇加装了电梯，纽约也在19世纪末20世纪初紧随其后，这个意义非凡的举动导致高层楼宇开始发展。汽车工业的发展导致了城市无节制的蔓延式发展，这种现象多在美国发生，它还导致人们的生活方式随着汽车发生改变，并使城市周边的栖息地环境发生了巨大的改变。

人们常把外包现象和全球交通的发展联系起来，这通常会导致机场发生转变。因此，人们用大容量公路连接机场和城市。现代机场用过廊来增加上下机速度。如果某个机场没有过廊，要么是因为这机场所在的城市太小，要么是因为这个城市的旅游业和服务业不发达。例如，如果一个城市要像巴塞罗那那样筹办奥运会，就应该重点改造连接机场和城市的高速公路。再例如，像巴塞罗那和马德里那样，由于机场和城市之间出现了物流服务区，展览中心（或会议中心）通常也将随之出现。

2010年的伊朗和20世纪70年代的西班牙在一些模式上颇有相似之处；两国与外部的经济联系甚少、服务业不发达、政治和文化封闭。经济模式倾向于自给自足、国内工业产量颇高。

奥运会

作为城市营销的一种极端形式，奥运会在20世纪和21世纪成为城市文化的一部分。纵观那些举办过奥运会、尤其是在二战后举办奥运会的城市，我们会感受到决策过程的伟大智慧，我们能从中看到一个国家和一个城市在这个星球上是如何崛起的，甚至能看到一个国家如何成为政治和经济的中心。

在亚洲，奥运会举办地有种向东移动的趋势。1964年，东京在日本经济发展得如火如荼时举办奥运，向世界展示了一个有着大量科技产品和科技公司的发展中国家，为日本在世界上赢得了一席之地。24年后，亚洲四小龙（韩国、中国台湾、新加坡、中国香港）之一的韩国首尔举办奥运会，并对日本的做法如法炮制，三星和起亚等公司趁势而起。20年后，北京举办奥运会，2008年北京奥运会令人印象深刻，人们有幸目睹一个转型国家最精华的一面。

2016年巴西举办奥运会同样符合奥运会走向新兴经济体的趋势。同样符合这一趋势的还有2010年的南非世界杯。卡塔尔赢得2022年世界杯主办权象征着海湾国家的崛起（感谢自然馈赠的石油），它体现了石油经济体是如何利用历史和地缘政治环境推动城市改造的。

20世纪80年代起，巴塞罗那启动了全世界最激进的城市改造进程。它就是近年开始为人所知的"巴塞罗那模式"。巴塞罗那模式认为：改造城市时要关注改造过程对市民的影响，要改造和扩大城市空间，要在人们见面的地方加入高质量元素。由于城市中的经济和社会活动在社区这一小范围中以实体的方式得到体现，因此楼宇发挥着中心作用。例如，改造覆盖了所有公共生活空间，个人的城市生活参与度也得到提升。巴塞罗那模式不存在什么地标建筑，它是一个打造高品质城市的大型整体项目。巴塞罗那为此采取了多项战略式改造，其一是学习巴黎的环城道路模式，重启在20世纪70年代被搁置的城市环线建设运动。其二是让城市面向海洋，像波士顿、旧金山和首尔那样改造老工业区，使其成为可供休闲和公共活动的空间。城市改造项目还包括公私机构共同对历史港城开展的整修工程。

巴塞罗那的改造项目进展顺利。这座城市拥有高品质的城市规划，良好的楼宇，被政治压抑了四十多年的传统也通过建筑风格处处洋溢，城中有一座优秀的建筑学院，还有一批充满才华的建筑师。巴塞罗那的经济发展水平在西班牙同样数一数二。1992年奥运会和塞维利亚世博会见证了巴塞罗那的发展顶峰。由于多年的准备，城市很好地抓住了历史契机。在可预见的未来，中南欧范围内没有任何城市能拥有像巴塞罗那这样好的条件。

其实，古老的欧洲密集型城市和美洲的扩张型城市在结构上有着本质差异，这种差异产生的基础是"市区—郊区"的二元性。拉美和非洲发展中国家的大城市、进行中的亚洲城市化进程、中东新城市、远方的澳洲城市中都存在着这种差异。地球上每个地方发展、复兴、重建所需的结构条件都不一样。地球上各个城市分布在各个地方，它们都由不同的生态系统构成。

因此，为了了解城市和国家的潜力，并长远地发展经济、提升居民生活品质，我们必须找出支持城市和国家运作的必要元素是什么。

零排放城市

检测城市一年的二氧化碳排放量也是对城市进行评估的一种方式。鉴于我们并未把食品生产环节纳入评估计算过程，因此城市的"零排放"和"碳中和"是一个可以实现的中期目标。

正在建设之中的阿布扎比马斯达尔城（Masdar），也许是首个为实现"零排放"而建的城市。

该项目由福斯特建筑事务所（Foster & Partners）设计，这个设计从开始时就做出了一系列激进的决定。城市街道采用沙漠都市常用的窄街设计，因为它能制造阴影，窄街还配上了公共空间冷凝水系统和空气循环系统。城中汽车将由电力驱动，依靠磁力系统而非司机运行。世界大港在运输集装箱时也采取了这种做法。这个项目还在郊区布置了大片停车场，并为人们配上摆渡车，以便在两套不同的交通系统间进行切换。城市需要的能源将依靠楼宇屋顶和城外光伏发电园区进行本地生产。

这个项目由马斯达尔公司的五大部门进行支持，它们分别是马斯达尔城（Masdar City）、马斯达尔电力（Masdar Power）、马斯达尔资本（Masdar Capital）、马斯达尔碳（Masdar Carbon）和马斯达尔学院（Masdar Institute）。马斯达尔学院是城里的第一座楼宇，这个大学中心与麻省理工学院开展合作，目前已投入运营。

城市的零排放项目由马斯达尔碳负责。它致力于监测城市在建设和运营过程中的二氧化碳排放量，并采取相应的碳补偿措施。它将碳排放成分按定义进行分类，并为之起了不同的名字。

碳排放量有三种计算方式：

严格零碳：无排放。不补偿城市运营过程中排放的碳。

净零碳：城市通过自我调节，消除或平衡城市范围内的所有碳排放。平衡指的是用城市积累的"碳信用"（carbon credits）进行补偿，或使用可再生资源。

碳中和：城市所有碳排放可通过购买超过城市限量的第三方"碳信用"额度进行补偿，在未来几年，人们将通过不同措施把抽象的碳排放模型测算落实为对市内碳排放的实时监控。

城市发明里程碑

人类历史上有各种转变的范例，这些范例在之后都变成了其他城市的发展模式。

1956年在明尼苏达州伊代纳开业的南谷购物中心是人类历史上首个封闭式购物中心。

1955年7月18日开业的迪士尼乐园是人类历史上首个游乐园，它由沃尔特·迪士尼（Walt Disney）亲自设计并监督施工。

亨利·福特（Henry Ford）建造了首条汽车装配线。

1899年，为了实现人人都能有一辆车的梦想，福特开设了一家属于自己的汽车制造公司。1908年，在密歇根州底特律，福特简化了汽车制造过程，并分成几个步骤，公司按照步骤分配工人，把每个工人都变成了汽车制造过程中的一架机器。

1925年，人类历史上首条高速公路建成，这条高速公路把米兰和科莫湖连接起来，它就是著名的湖区高速公路（Autostrada dei Laghi）。

1880年，维尔纳·冯·西门子（Werner von Siemens）造出了人类历史上第一台电梯。弗兰克·斯普拉格（Frank Sprague）改进了电梯的速度和安全性。奥地利发明家安东·弗里茨（Anton Freissler）在西门子的基础上进行发展，并在奥匈帝国开了家公司，大获成功。

20世纪70年代，马里兰州巴尔的摩首次把港口整修成公共空间。

21世纪城市建设和改造的新范例，是在一个零排放城市的自足社区中打造一个自足街区。

要保存财富，最好的方法是增加财富。

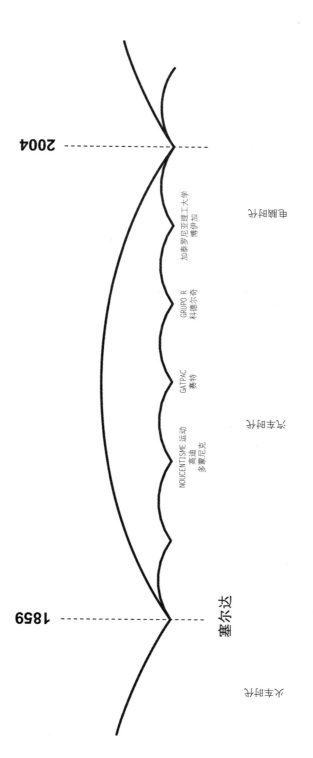

在巴塞罗那长达 150 年的城市发展过程中，我们经历了两次周期性的循环更替：其中一次是一代人的更替，另一次是范例的更替。

巴塞罗那的重生

围绕行动计划的范例而开展的城市建设至少持续了一代人之久。

20世纪80年代，在民主化大背景下，为了使城市变得更人性化，巴塞罗那接受了城市改造的挑战，并使用了一些之前从未投入实际应用的设施和服务。70年代，大批移民因经济原因涌入巴塞罗那，城市被迫拓展。巴塞罗那在20世纪经历过梦幻般的城市改造，这种改造在1929年国际博览会举办时抵达巅峰。19世纪，巴塞罗那开始建设埃桑普勒区，工业化大幕拉开。

在经历了几次严重危机之后，巴塞罗那从2007年起打造的范例又是什么样的？巴塞罗那如何巩固其全球创新城市的地位？它又如何能在不增加城市实体面积的情况下通过改造促进经济发展？

巴塞罗那正在打造的下一个伟大范例，让城市重新成为资源生产者，而非资源的纯消费者。我们要生产能源、食物、知识，以此打造一套新的城市生态环境，增进社会的团结。

推动城市建设的因素已经发生了改变。现在城市已经基本建成，我们需要做的是把巴塞罗那打造成一个温室气体零排放的城市。巴塞罗那零排放。为了使其成为可能，我们要从多层级出发制定具体战略，以便指导城市管理的决策过程。从这个角度出发，城市建设就是一道向愿景前进的征途，而非日常问题的处理和间接的项目开发。

巴塞罗那定义了城市的形状和功能，并创造出"城市设计"这一新概念。城市设计是一门关于城市复兴的新学科。它将两大基本载体纳入设计之中，它们是能源和信息。

巴塞罗那零排放

2010年底，我们在加泰罗尼亚高级建筑学院开了一个集中研究巴塞罗那的新项目，试图对巴塞罗那零排放战略进行定义。在研究结束后，我们得出了推动社区发展的结论。因为这种方式能让巴塞罗那在保持城市低速运行和高度连接的情况下最大化本地产出，还能把高速物理运输系统和信息网络建立起来，并在本地生产需要的全部能源。我们应在城市发展战略中重新采用这一范例，并将其浓缩为11条行动：

第一，将楼宇和城市街区改造为自足建筑，通过可再生能源系统和智能电网管理生产能源。那些正在进行改造的地区已经在着手推动这项改造工程，其中包括22@社区和一些非中心社区。我们要在之后把这项改造推广到巴塞罗那的所有社区，但由于文化遗产和一些具有文物价值的地方已经通过其他形式向城市贡献了资源和价值，故不必改造。

第二，加强社区的能源回收能力，推广建筑保温和节能技术。这些改造要尤其运用于20世纪70年代的建筑，因为它们的缺陷更多。

这些建筑复兴计划应被打造成专业训练、社会凝聚和经济活动的平台。

第三，将更多参数加入建筑资质的审核之中。我们不仅要审核建筑的形状和功能，也要审核能源系数 ε，它体现了本地能源生产和消费之间存在着怎样的关系。巴塞罗那一些建筑的平衡性做得很好，因为它们没有使用大型设施，而且得到了精心维护，这些建筑应该得到奖励。

在对楼宇的新陈代谢和周围环境进行评估时应该将水资源管理、废弃物处理、楼宇周边排放空气质量、楼宇对社区信息和知识的影响等因素纳入考虑。同时，我们还要确保任何新建或翻新的建筑都遵循这些新的建筑原则。

第四，依托城市周围的自然资源，在社区发展集中供暖系统。这类系统可以像科尔赛罗拉（Collserola）那样发展生物质能，也可以像地中海地区那样利用温度梯度和生物质能。同时，应该发展像风力发电厂那样的大型建筑，在城市附近大力生产能源。

第五，发展混合社区，着重把功能单一的社区改造成混合社区，减少城市强制交通量。

第六，城市与汽车工业开展合作，发展电动交通工具（摩托车、汽车、厢式货车、出租车等）。例如，城市可以在正交网络的基础上发展电动巴士，并结合这类系统的发展减少市内行驶的交通工具数量。

第七，通过智能网络将传感器和执行器搜集获得的城市智能信息进行整合，促成城市公共空间的再信息化。

一个集成了服务的平台将提高城市管理系统的效率。这会创造与"智慧城市"相关的新经济模式。

第八，对公共空间开展再自然化工程，提高城市的生活品质、空气质量，改善环境。科尔赛罗拉利用大海和河流的自然分布改善城市环境，并利用当地物种营造新的城市景观。

第九，利用开放式数据网络分享城市信息，鼓励人们以此为基础参与城市管理。这有助于打造一个提高生活质量的平台，并发展出一套新经济模式。

第十，与国内外企业和研究机构建立合作，将巴塞罗那打造成一个城市实验室，探索城市的精确发展之路。巴塞罗那应致力于将自己打造成一个由生产型社区组成的城市，城市以人的速度运行，高度连接且零排放。

第十一，所有这些行动应接受优秀设计的指导，并被认真贯彻，它们将使巴塞罗达重返世界建筑和城市设计领域的中心地位，并推动城市创新经济的发展。

城市创新经济

大组织都会在发展过程中遭遇危机，但如果正确运作，它们就能做到转危为机。城市也是如此。在这个星球上，城市是生存能力最强的有机体，因为它们具有自我改造、再生、发展、吸收新技术、提高密度和在内部产生新空间的能力。人的创造使得城市能够作为一个有机体在历史上不断延续。在延续过程中，每一个城市新时代都有与之相关的经济模式。

近几十年来，众多西方城市为专注城市自身发展，已经丧失了生产商品的能力。城市里的社区和建筑成为城市经济的基础。由于世界人口增长、信息社会的全球化、来自发展中国家的移民不断涌入发达国家、人均寿命的增加，城市必须成长，以容纳更多的人口。城市化是一门经济。但在新城市中，购物中心成了新型圣殿，这里从不生产，却给全世界的工业机械赋予了意义。

城市创新经济建立在城市重拾生产力的基础之上。要生产城市消耗的产品，城市要再次依赖工业和科技。由于城市创新经济讲究的是服务管理，而非产品销售，因此要把资源管理的分散性和互联网特征应用于城市经济中，创造一种新的商业模式。

城市创新经济将任何城市实体空间的改造都视为投资，而非支出。对当前城市管理系统的改造意味着实现节约的契机。

信息经济首先关注提升工作场所的效率，其次关注社会关系和内部环境，再次关注城市重建过程中出现的挑战。随着互联网经济的出现和互联网人群的扩大，我们开始面对互联网城市中实体世界和数字世界相融合的景象。只要信息层选择恰当，城市中的任何元素都能收发信息，我们因此得以对城市提供的服务和产生的行为进行再编排，以提高其效率。城市经营的成本是经济的一个重要方面，既包括对公共服务的投入，也包括交通工具和市民家庭产生的消耗。

利用投资可以提高城市的经营效率，效率提高后节省下来的资源将能回报投资。城市的经营始终需要以能量来维持。我们可以利用可再生资源在本地生产能源，并以经过整合的生产和储藏系统进行调配，以保证能源供应和价格的稳定，应对未来全球资源分配的不平衡。对科技和互联的自足性进行投资，就是在对稳定进行投资。

城市创新经济正在智能城市中创造一种新的经济形式。这是经济学上的新领域，科技公司、城市网络垂直服务公司（信息、供水、建材、能源和交通）、建筑公司和环保公司可以相互竞争，为服务指向型经济创造一种新形式。

思科（Cisco）公司发明的IP电话不仅意味着更多的网络流量，还意味着一种新型通信方式打破了传统电信运营商的垄断。传统电信运营商总是竭力阻止新的通信方式投入应用，它们先是阻止语音通信的创新，再是阻止视频通信的创新。因为企业联盟或新经营者的出现，未来的城市服务经营者可能会从现有的管理者中脱颖而出。

公司联盟将成为未来城市管理的一种基础形式。几十年前，城市经营来自于基础设施的特许权。例如，公路根据城市交通的安全性而建。自那时起，各种新出现的服务都来自特许这一基础。西班牙房地产业以卖房为导向，其利润率高达20%~30%，它们不愿意涉足房地产出租业。但那些从事公共工程的企业却只有4%~5%的利润率（这还是最好的情况），它们开始将房地产出租业视为特许领域，并认为这个领域能给它们带来长期利润。投资建设楼宇，出租四十年，再把它还给公共行政部门，在一个万物速买速卖的时代，这样的事情看起来犹如奇迹。

投资楼宇能源生产系统，在城市、照明系统和废弃物收集系统上安装传感器，将能产生中期回报，因为城市的消耗是固定的。促进城市效率提升是一种新的投资途径，它将能产生广泛的社会反响。

城市改造在任何时候都不只限于科技领域，我们也可以对城市的基础功能进行投资。你就算给一座愚蠢的城市装上传感器，它也不会成为一座智能城市。在对当下的西方经济基础结构性改革进程中，我们遇到了挑战。通过给城市增加一个新陈代谢层，引导城市经济为市民服务，我们在改造城市的实体结构及其经营方式上也遇到了类似挑战。城市处处有商机，商机藏在建立与市民长期互动的过程之中，商机也藏在鼓励市民成为新经济领域企业家的过程之中。

当前经济正在经历从产品导向到服务导向的转变。城市本身也是一种服务形式。在城市里，拥有者少，管理者多。从这个角度出发，我们应该让服务变得更加科学，以满足市民的基本需求。

即使不投入任何资金，信息社会也可在一定程度上增加城市的价值。但这需要在市民内部以及市民和政府之间建立起开放的协作网络，这种新合作方式所服务的根本目标是人。

一城一理念

一城一理念（"一城一策"）。城市中万千理念的互动是百万市民日常生活得以持续的基础。

有时，因为一件事或一个范例，某种理念就能成为整个城市的共同愿景。巴塞罗那在过去三十年一直努力将自己打造成全球城市品质的代表，但2004年一个无情的事件却对这一理念造成了打击。就像曾经建设埃桑普勒的壮举那样，巴塞罗那要做的下一件大事是城市复兴。

为举办奥运会，巴塞罗那新建了众多大型发电工程，并集中力量建起了环线。椭圆形的城市环线把四个奥运区域连了起来，但城市与环线之外大片地区的关系仍有待处理。

巴塞罗那的港口是一个极佳的案例，它是"超级加泰罗尼亚计划"（HyperCatalonia project）大框架下的一个小项目。威利·穆勒突发奇想：船为什么非得在岸边卸货？在海上建个人工岛屿，海岸不就被解放出来了吗？经过数年填海造陆，巴塞罗那港在海上建成，其面积与一个旧城镇相当。但由于港口属于特殊法人所有（港口在事实上由西班牙首都治理），港口里发生的一切似乎都与城市无关。

这几年，威利·穆勒致力于Morrot的改造，把城区选在了离哥伦布塔和蒙特惠奇山山脚不远的地方。终于，这个混合项目打造出一个集生产、

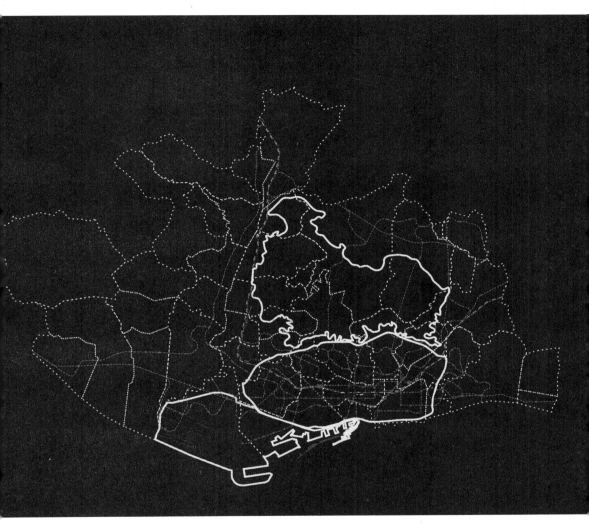

科尔赛罗拉、巴塞罗那和 P.E.I.X. 地区（这个地区包含了港口、
机场和保税区）面积相似

研发、教育和房屋租赁为一体的生产型城市。该项目的战略目标是顺着蒙特惠奇山延伸，并向约伯雷加特河发展，使其与Marina del Prat Vermell社区相连。

具有生产力的滨海区

滨海区理应具有生产力。纵观历史，港口是许多港口城市最大的收入来源。外地商品进入港口，用作贸易，本地商品离开港口，用作出口。港中的渔船为城市提供了部分食物，渔获还能在内地销售。但令人难以理解的是，渔业正从许多历史悠久的大港口中消失，转而被其他新事物取代。

就像巴塞罗那和波士顿那样，许多大城市开始重建滨海区，过去的渔业用地成为休闲和商业区。在筹办奥运的那些年，巴塞罗那在滨海区建了不少休闲用地：人们可以在沙滩上喝饮料，晒太阳，也可以在沙滩酒吧品尝小菜。人们已经无法体验传统渔港带来的欢乐了。自足城市关注生产行为和生产知识。渔船收帆归港，渔获摆满市场，足够幸运的话就再尝一口来自大海的馈赠，还有比这更令人愉悦的事情吗？

帕拉莫斯（Palamós）、比纳罗斯（Vinaròs）、帝尼亚，对各个地中海沿海城市来说，撒网、收获已经成为当地文化的一部分。我们能用各种大小、颜色、口感不同的虾子来描述西班牙地中海沿岸，这些知识能使我们变得更加充实。这种与当地乐趣有关的体验应是全球化的根基，也是促使我们行走世界的动力。

19世纪时，巴塞罗那港内停泊的渔船、商船和军舰加起来超过2740艘，但现在港中却只剩下24艘渔船，而且仅有一艘（是的，仅此一艘）仍坚持使用传统的捕鱼方法。一座追求自足的城市不可容忍关于海洋生产的技术、知识和乐趣就此烟消云散。

现在的航海服务业已用上了工业化机制。巴塞罗那有一个从事船舶维修、水上运动和游艇参观等水上项目的群体，我们只能从那儿依稀看到曾经港口的身影了。

城市新中心

重塑滨海区是巴塞罗那近几十年来极其成功的一项工程。在中世纪，侵略者多从地中海沿岸的滨海区登陆。因此维亚奥古斯塔（Via Augusta）这类大型贸易路线都选择远离海边。19世纪时，巴塞罗那在海边建了铁路，后来又建了污水处理厂和发电站。滨海区一直被人们用来从事港口活动，或是倾泻污水。20世纪60年代的移民潮又把这个地方变成了贫民窟。

奥运会使得海岸线大型改造工程成为可能。铁路和公路被埋入地下，滨海区得到开发，绵延数公里的城市沙滩被开辟出来。改造工程引发了强烈的社会反响。

经过改造，城市的重心开始向海边移动。

一些城市有多个重心（例如洛杉矶），一些城市则只有一个重心，这个重心多半是城市广场，许多意义重大的社会和政治事件会在那里发生。北京围绕紫禁城建了一道又一道环线，其重心便是天安门广场。

以巴塞罗那为例，在19世纪，巴塞罗那的主要广场是基于古罗马时期广场建成的圣海梅广场（Plaça Sant Jaume），它地处市中心，位于旧城区和格拉西亚大道（Passeig de Gràcia）之间。进入21世纪，荣耀广场（Plaça de les Glòries）取代圣海梅广场，成为新的城市中心广场。已经伸展到海边的迪亚格纳尔大道、云集城里众多科技公司的22@社区和刚新建完毕投入使用的萨格雷拉（Sagrera）高铁站使这一图景成为可能。尽管与城市广场相关的工程仍需耗费数年才可完成，但大城市的重心有序地朝着整合生产与代表性元素的目标前进，这本身就是一个展示城市活力的极佳新闻。

从工业社区到混合社区

20世纪城市设计的特点之一是城市工业社区功能失调。工业社区里的建筑多是工业仓库，在工作时间，重型交通工具往来穿梭，发出巨大的声响。除了仓库之间的停车场和卸货区，街道上根本没有其他的景观。整个社区由单层建筑组成，成千上万人每天驾驶私人汽车进出。

这种地方不存在公共交通（因为人群高度分散），夜间也了无生机。这就是低效生态系统的范例。

许多欧美城市的现实情况更加糟糕。这种功能单一的单层建筑已经深入人心，商业区也出现了向工业区学习的趋势。在欧洲大城市郊区，那些贩卖食物、家具和技术的大卖场已经开始采用这种建筑设计。

这种功能单一的系统之所以轻而易举地发展了起来，是因为它能够轻松把地卖出去，然后轻松地盖一座每天只在特定时间经营的建筑。

但我们要是在这些郊区小型购物中心的房顶加盖住房、办公室或电影院，会产生什么问题吗？绝对不会。它们与大型零售业的商业活动不存在冲突。因为这类建筑不会产生大量噪音。相反，许多欧洲城市把休闲活动区域放在市中心的行为倒是不合适的，因为酒精和聚会容易使市民失去控制，使他们忘记城市和住宅的密集程度。

工业社区的情况则介于两者之间，因为工业仓库偶尔会产生影响周围区域生活品质的噪音。现在，这个问题可以通过技术手段加以解决。在设计这类楼宇时，我们可以适当加入隔音材料。如果是新型工业或者是研究中心，再加上小型化技术的运用，就完全没有问题了。

在纽约有这样的楼宇，它们规模很大，结构灵活。工业、物流、仓储和阁楼在这些楼宇中混合，形成了一个生活空间。

人们可以在混合社区生活、工作、休憩，实现功能的自足。由于人们可以在这样的社区中步行或骑车上下班，因此社区的能源消耗也会低得多。基于这些原因，我们现在正着手推动一个项目：提高城市工业社区和商业中心的密度，并对功能进行混合。这个项目的目标是提升城市品质，避免土地的非城市化利用，促进基础设施发展。此外，我们可以在厂房房顶发展绿地和公共设施，创造出新的楼宇和城市类型。

与厂房的改造相反，在那些为解决六七十年代移民潮问题而修建起来的住宅社区中，我们应在社区楼宇底层、新型轻型建筑、可进行改造的住宅以及新建区域中整合生产行为，把这些住宅社区打造成新的工作地点，大力发展知识和新型工业。

在城市里生产能源

城市要实现能源自足，就应该开源节流，减少能源消耗，并在本地生产能源。就像我们在更大规模能源结构上做的那样，我们应该利用各种系统在各个层级上进行能源生产。城市的能源主要消耗在楼宇、工业和交通上，它由供热和供电两大系统组成。

供热系统主要用于楼宇，因为楼宇通常无法很有效地保持恒定温度，所以我们必须从楼宇翻修的角度入手。最有效的供热和制冷系统应按照社区或地区的层级进行建设，我们建起供热和制冷网络，利用燃烧垃圾或有机废弃物的发电站来生产网络所需的能源，在条件允许的地方，我们也可以发展地热发电站。

供电系统应根据楼宇的规模生产电力，电力的主要来源应是太阳能或风力，我们应该把中小型发电系统整合到城市建筑中去。在自然条件允许的城市，我们可以发展大型风力发电站，或是因地制宜利用江河湖海。以巴塞罗那为例，巴塞罗那的城市电力需求峰值约为2000兆瓦（2吉瓦），相当于两座核电站的发电量。为满足城市的电力需求，我们将在未来几年推动若干项楼宇再生计划，其中包括：对光伏发电系统进行全面改造和整合、因地制宜建设自然发电系统（把高山和大海利用起来）、发挥像Districlima或Ecoenergies那样的集中供热和制冷系统（前者利用了贝索斯发电站燃烧城市垃圾产生的热量，后者利用了生物质能和地热能）。

如果巴塞罗那提高能源效率，减少50%的楼宇能源消耗量，那么只要有30%的楼宇屋顶安装了联网的能源生产设备，并对能源进行整合、储存和管理，整个城市的能源需求就能得到满足。考虑到城市的结构、密度和紧凑程度，这一目标是可以实现的。

城市的进步

城市不会独自进步，任何发明一旦在某个城市出现，就会被迅速传播到其他城市。因为城市之间的竞争与国家之间的激烈竞争不同，国家之间存在着深厚的政治和经济壁垒，而城市为了让企业来此落户、给市民创造就业岗位、得到城市改造的资金，会进行相互竞争，以吸引投资。现在的城市正努力吸引人才，以促进当地创新。

城市之间竞争与合作并存。

我们所生活的世界由城市构成。世界上大部分人都生活在城市里，人类历史上从未有过这样的现象，应该为此创造一套新的世界管理方式。

19世纪末的地球被英国、法国和西班牙这样的帝国统治着，这些帝国通过建立殖民地来扩大控制范围。20世纪是民族国家的时代，联合国大部分成员国都在这一时期诞生。21世纪则很可能是属于城市的时代，信息社会的特征将是因地制宜地管理和编译世界。

纵观历史，经济增长与城市实体的发展以及城市规划的发展是相互关联的。但如今的欧美城市已经有了一定的规划。因此，我们应该在寻找新经济增长方式时避免对城市实体已有的发展进行干预。

近年来许多城市组织在协调政策、促进集体发展时，已经出现了此类趋势。这些组织还搭建了分享经验的平台。

这种行为更多的是体现在政治层面，而非科学层面。对我们居住其中的城市而言，城市周围生态系统对城市的影响要远远大于科学对城市的影响，而这正是我们需要保护的东西。

伊尔德方索·塞尔达在1967年写下《城市化概论》(*General Theory of Urbanization*)[1]，这恰恰与达尔文写下《物种起源》(*On the Origin of Species, 1859*)[35]的时间接近。两者都试图把自己所理解的现实和可能导致这种现实的历史可能性兼容起来。

塞尔达把他的理论分成了两卷：第一卷从宽泛的角度谈了与城市化过程相关的抽象名词，第二卷则以巴塞罗那为基础，详细地研究了与巴塞罗那相关的各种统计数据，并对这些数据之间的关系数年之前，塞尔达还写过一本名为《城市建设理论》（*Theory of City Construction, 1859*）[36]的书。此书对城市各个部分的状况和形态进行了详细分析，在分析过程中，他已经开始思考空气质量和城市设施对城市的影响。

从那时起，比起写书，人们更注重通过行动创造新型城市。其案例便是20世纪初埃比尼泽·霍华德（Ebenezer Howard）的田园城市、包豪斯的现代城市、20世纪20年代初勒·柯布西耶的国际现代建筑协会。

然而，在塞尔达的设计中，我们的街道看起来却几乎是一模一样的。从供水系统到污水处理系统，从行车区到行人区，从照明路灯到行道树，塞尔达对街道做出了详细的规划。

如前文所言，互联网已经改变了我们的生活，但它尚未改变我们的城市。现在的问题是，这种改变将以何种形式发生？

在当前的转变过程中，那些拼接信息经济发展起来的世界顶级资本公司（有些公司的发展历史还不足三十年）已经认识到这种现实，并准备直接从"城市"下手，获得利益。其实，如果城市明白该如何引导这一进程，主动出击并定义它们想要的东西，这将成为城市的巨大机会，

城市经济正朝着服务管理的方向发展，成功管理城市的基础不再是销售产品，而是公私关系。然而，为了保证城市的效率，城市绝不能放弃对基础设施的控制，而是应该根据城市的期望和特殊品质制定标准。

在转型过程中，将信息技术应用于过时的系统以增加效率并非解决之道。为了加速创新，我们需要重新思考运用信息技术可以产生哪些能够应

用于系统的新模式。在音乐和通信领域，这一过程已进展多年。

作为全球经济转型的领导节点，城市需要放弃工业社会带给它们的技术，成为积极的技术创新者。

城市再也不想消费工业提供给它们的产品。为了变得更为高效，城市需要制定一套标准。与购买产品不同，它们需要从事服务业。与在城市中安装传感器不同，它们需要在全球寻找伙伴，帮助它们更高效地管理各类设施。

在某些城市和国家，基础设施管理权已被私人接管，私营企业经常与政府分庭抗礼，把股东的利益放在创新和进步之前。一些欧洲城市已经开始研究如何夺回基础设施网络，尤其是能源网络的控制权，因为对新型经济而言，它发挥着分配能源和支持电力交通的关键作用。

现在，大型跨国科技公司向多个城市提供相同（或相似）的产品。它们是全球管理者。然而，市长们仍然在用纯粹本地化的视角经营城市。

城市协议 37

这就是城市需要研究一套新合作结构的原因。这套合作结构应具有清晰的转型任务，加速创新，并能将创新推广到世界。

事实上，城市应该与企业、大学和组织开展合作，创造一套新型城市治理框架。

这就是我们提倡城市协议（city protocol）的原因，城市协议与互联网协议类似，它定义了管理信息技术的标准。

互联网由开放的网络支配，有一个旨在促进网络发展的互联网社会（Internet Society），其治理主体由选定的专家构成，还有一个名为互联网工程任务组的组织，这个小组的成员是参与开放互联网结构辩论的专家，他们为实际工业标准的制定提供方法或建议。

共享标准能加速创新和工业发展。没有一个城市能在世界上孤芳自赏。

在未来，城市会面对一些挑战，如果城市之间能共享这些挑战的基本参数，城市就能用更少的投资实现更快的创新，加速行业方针的制定，推动工业发展。

但如果要实现这些，就必须对基础知识进行共享。化学精确地规定了元素的数量，并将它们按元素周期表进行排序。在生物学上，卡尔·林奈（Carl Linnaeus）把所有生物按照等级进行分类，其分类法赢得了广泛的赞同。但对城市而言，世界上并不存在普适的建筑类型分类方法。全世界的地区能被分成多少种？旧金山、纽约和巴塞罗那的城市扩张存在何种异同之处？在一个庞大而又密集的城市里，藏着多少能源？城市需要共享知识，并对广泛为人所接受的基础城市化原则进行定义，以实现进步。

前工业化城市的转型遵循着城市品质、宜居性和可访问性等参数。信息社会中的城市在转型时将遵循复原性或自足性这一参数，为了给市民提供更好的稳定性和控制力，这一概念被用在了城市建设的概念之中。

恢复力（resilience）是城市保持稳定（抵抗火灾、洪灾、地震和移民潮）和快速重返正常状态的能力。如今的气候变化加剧了大气现象，并对城市造成巨大影响。我们需要精确评估新城市参数，因为它们是对特定土地进行改造和投资时需要参考的核心参数。

过去，城市总是以一种不理性的方式生长。

城市协议应该成为知识共享的平台，并鼓励信息社会中城市的创新和进步。它应该允许城市对建筑、功能、新陈代谢和社会各方面进行评估，并在此基础上评估城市在世界范围内效率和品质的水平，其目标是定义项目和政策，改进城市栖息地的短、中、长期发展方案。

城市协议应该由世界范围内有影响力的城市、企业和研究中心提出，目标是通过开放和协作讨论，创造标准或提供建议。

世界上不存在一模一样的城市，也不存在一模一样的人。有人为了赢得奥运金牌而奋力训练，有人为了赢得诺贝尔奖而刻苦钻研，这两种人为了达成目标而付出的努力是不同的。世界上任何一个城市都没法找到一个情况与其完全对应的城市，各个城市的发展目标也不一定一致。然而，如果我们想要保持健康，实现卓越，就需要参考一些基本参数。城市亦如是。

在当今城市，人们或根据直觉做出决定，或根据组织程度最高的城市逻辑进行决策，或根据媒体、经济和社会的影响做出决策。城市的决策过程应该有一个理性的基础，它应该整合多层级信息，并考虑城市建设过程中所有可能参与的行动者。这些东西的核心是人的生活品质和他们的社会和经济进步，这是开展此类行动的终极理由。

城市协议应学习互联网创造国家组织，以期总体标准和当地文化以及环境条件相适应。它还应该设立扇形工作组，深度研究那些构成城市的不同层级。

例如，城市协议应该把取得成功的项目记录下来，这些项目帮助这个或那个城市在参考客观数据的基础上完成改造，这样的话就能把这些记录以某种特定的形式传递给其他城市。究竟哪种经济形式会促使城市公共空间运用信息网络来对服务进行管理呢？

信息时代的城市应在建立信息共享的基础上取得进步，并通过合作建立一套新的城市科学。

7. 大都会（10 000 000）

全球主要大都会比中型城市更高效？大都会区的持续扩张及其与周边自然环境的相互作用如何管理？

大都会是城市经过20世纪这一整个世纪的发展而形成的产物。大片被连续、无组织、密集的城市所占据的地域一个接一个地出现，就像无关的碎片与空间，具备不同的密度与功能，不同的基础设施与自然空间，若要辨别它们，就必须回到地理层级，即回到基本居住地的发源之处。

全球的城市化在刚迈入21世纪时经历了一段迷惘期。纵观人类历史，人们对城市的理解从未有现在这般充分，建造城市的方式也从未如此接地气。发展中国家城市发展速度迅猛，努力为外来者提供安身之地。在推动经济"进步"的同时，它们也在有计划有步骤地重复西方城市在其高速发展期所犯过的错误。中国城市就是典型例子。极端的区域化（将商业、住宅和休闲分离，分别集中到不同区域）简化了城市化进程。这种做法增加了数十个社区的修建速度，但代价是巨大的能源消耗。由30层楼高的半独立式住宅楼组成的社区，集中了大批工作者，他们服务于数百个不同的工业中心，这些工业中心都集中在满是办公楼的地区，占地广阔，生产的产品供应全球。

经济逻辑继续凌驾在合理范围之上。

另一个明日超级大国印度似乎也在朝着同一个方向前进。结果，亚洲出现了一种人类史上前所未有的城市有机体。人口超过2500万的城市有机体将不得不遵循城市发展史中新添加的功能性原则，在未来几年彼此共存，并在未来几个世纪共同阻止大灾大祸的降临。在欧洲，人口1万的为地区，100万的为中型城市，大都会的人口则在100万到500万之间，不过巴黎、伦敦等欧洲最大的大都会区，其人口都在800万以上，有的甚至接近1000万。当面对一个人口2500万的大都会区时，西方社会就没有可供我们借鉴的经验了，毕竟这一人口规模已跃升到了西方社会从未管理过的水平。

去密集化的城市

另一方面，拉丁美洲在20世纪就已经出现了人口高达数百万的特大城市，当地超过50%的建筑用地都相当于自建区。鉴于当地没有一致的经济结构和能够全权处理住宅问题的行政机构，所以那些地区都是居民以活下去为基本原则自行建造的。并且已尽可能修得体面。

在墨西哥城或圣保罗，最大的城市问题之一是自建结构的整修，该过程会将当地居民也卷入城市转型过程之中。在麦德林市长塞尔希奥·法哈多（Sergio Fajardo）及其团队的带领下，该市开始进行城区改造。他们没有拆除自建区，而是将那些区域与公共交通系统连接起来，改善当地公共空间质量，并修建图书馆、学校等公共设施。那些建筑项目都意义重大，目的是推动城市由内部开始转型，并认可城市现存建筑区为城市经济史和社会史组成部分。

转型中的每座城市都有过贫民窟。纽约在20世纪30年代进行过自建区改造。巴塞罗那的迪亚格纳尔大道在进行城市化时就已将当地最后残留的自建区给吞并了。孟买等印度城市则正面临着涉及自建区的城区改造，那些城市的自建区建筑质量低劣，且正在逐渐消失。相较而言，拉丁美洲的自建社区质量更优。许多自建社区内的建筑都是用混凝土方块或砖块修建的，建筑间的街道宽度也在可接受范围内，不会过于狭窄，因此，这些城市都可以在现有结构的基础上继续发展。

我们与威利·米勒、卡洛斯·赫尔南德斯（Carlos Hernández）合作，在波哥大进行城区改造工程。在社会学家吉尔勒莫·索拉特（Guillermo Solarte）的参与下，我们对城市的中心及其他地区的改造进行了研究。因为我首次来此只能停留2天，所以为了更好地研究该市的中心地区，我们咨询了相关人士，是否可以参观下城市的外围。他们很快为我们提供了一架运输直升机。

这真是一次妙不可言的经历，我们获得了2个小时的宝贵时间，可以对该市不同的社区加以了解。以波哥大为例，那里并没有大型工业区，因为大部分生产活动都是在家庭作坊内进行的。这座城市正在取得巨大的经济进步，正在改善机场与以购物中心和第三产业为基础的这座城市间的关系。该市市中心也有退化严重的地区，政府已对这些地区的楼宇启动了"定点拆除"，同步进行的还有在市中心建造公园，打造能促进当地商业发展的新区。位于市内的山区，零星分布着富裕社区与发展中社区。位于南边的那条河则因为当地没有污水处理厂而受到了污染。

正如我们之前所言，同一座城也有许多不同的城市生物钟。这导致强制性城区流动的需求非常难以管理。数百万工作者，因为要去离家非常远的地方工作而不得不每天两次横穿这座城，为了养家糊口，他们无可奈何。

全球所有大都会区各自面临着不同的挑战，它们需要利用在全球化过程中发展出的技术潜力，以及在此过程中形成的文化和经济条件来应对这些挑战。

中东的发展

中东国家也在经历城市化，它们目前的进程类似于西方国家在最美好时光中所经历的。

一些科学家称中东目前正处于石油经济的全盛时期，中东各国趁此良机开始了极其快速的城市化。它们的目标是创建新的经济结构，避免自己未来的存亡被石油主宰。

迪拜、阿布扎比酋长国和卡塔尔发展模式不一，但都再一次地顺应了地域、经济与政府之间的关系。2010年，我去了迪拜。就在我抵达前数周，全球最高建筑哈利法塔（Burj Khalifa）和迈丹城（Meydan City）正式破土动工。迈丹城是迪拜酋长穆罕默德·阿勒马克图姆（Mohamed Al Maktoum）最爱的"城市"，其运营中心位于该城的新赛马场内。

迪拜是多中心稠密结构的典型例子。这一地区陆续建立了许多规模宏大的项目，累积起来之壮观是史无前例的，就像是一幅陆地岛屿的拼贴画。与棕榈岛、帆船酒店等项目一样，迈丹城的重要意义也许能与毕尔巴鄂古根海姆博物馆比肩。它完全可以领导一场建筑城市内部的转型，这座城市充当着这块沙漠地区发展的磁石，而这块地区目前仍因被疏忽而空空如也，只有沙漠而已。

不过，在卡塔尔首都多哈，城市的发展是以滨海区（Corniche）为中心展开的，那里过去主要是渔民（和采珠人）部落进行贸易的地方。这座城市是在同心环结构基础上发展起来的，这一结构模式与大量西方城市类似，你可以清晰地看到它内部稠密的结构。不过，我们在该市最远端的某处发现了一个金融区，那里是一片"不存在的"城市空间，其上高楼（有的建筑结构令人叹为观止）林立。这里并不存在公共空间这一概念。街道上没有任何建筑物，不是提供给人们联络感情的场所，就这一点而言，更像是中国新型城市的特点。

阿布扎比市最初也是以滨海区为基础发展起来的，那里在50年前还只有几个小角楼。这些小角楼被住在沙漠中的贝都因人当作控制系统，用于管理这片地区。阿布扎比市是阿联酋的首都，城市发展已经在萨迪亚特、阿勒雷姆（Al Ream）和亚斯（Yas）这几座新开发的岛屿上开始了。全球最重要的博物馆都在此地设有分部，这里还有大量住宅和商业建筑，以及类似欧洲城市的设计。邻近地区还有一个新城叫马斯达尔（Masdar），那里有一级方程式赛车的赛道，赛道旁就是法拉利主题公园。

这些国家正在做的就是每个国家在经济上升期都会做的事：它们进行了实体开发，为加速经济发展而修建基础设施、创造新资源。尽管当地气候并未达到人类生活的理想条件，但今天的迪拜与20世纪20年代的纽约很像，当时的纽约正在进行大规模的城市扩张，许多世界最高楼宇（洛克菲勒中心、克莱斯勒大厦和帝国大厦）都是在这一时期同时修建的。最终是1929年的大股灾和经济大萧条为那段时期画上了句号。

不过，在海湾地区修建楼宇是一项决议所决定的，该决议超过了自给自足地区居民的环境逻辑。这片地区的人们必须生活在35摄氏度的平均气温和107毫米的年平均降雨量中。如此恶劣的气候条件只能以大量消耗能源为代价来应对，而这些能源的来源只有一个：石油。目前它们仍能做到石油的自给自足，但终有一天，全球的石油资源都会枯竭。

其实，正是石油及其所带来的财富决定了这些城市居民的生活方式。迪拜多地兴建多个重大项目揭露出，这里没有控制城市及其经济的集权，追本溯源正是因为迪拜没有丰富的石油储备。卡塔尔和阿布扎比酋长国与这里的情况类似，拥有土地的酋长同时也拥有地底可发现石油。卡塔尔和阿布扎比酋长国选择了同样的城市规划，没有采用如西方城市一般，建立一大堆门面工程的做法，而迪拜仅仅是以浮夸的节奏在进行大规模的扩张。

城市核

全球首个大都会就是20世纪20年代电影《都市交响曲》(*Symphony of a Great City*)[39]的主角柏林。影片展现了在区域列车和城市公交带动下而逐渐活跃起来的柏林。一个像生产机械一样运作的城市机器，因为机械化交通工具的使用而解决了家与工作场所之间的距离问题。众多具有历史意义的城市核(urban nuclei)聚集在一起就构成了大都会形成的基础，但负责带领整个城市向前发展的中心只有一个。无论是哪个大都会的航拍片，首先映入你眼帘的都是当地的地理要素，它们决定了最初栖息地的形态，是城市发展的基石。纽约哈得逊河畔的曼哈顿岛、巴黎的塞纳河、孟买的海湾或海岸线和巴塞罗那科尔赛罗拉山脉都是当地地域结构的决定性因素，大都会正是在这样的结构上建立起来的。许多时候，在你试图辨别出宜居的地域范围时，都会发现被城市所吞噬的自然系统，如今，这些自然系统已经被包含在了当地的城市规划之中。其中一些几乎保留了最原始的状态；其他的也已经进行了自然环境的人工重建。巴黎的布洛涅森林（Bois de Boulogne，846公顷）或马德里的帕尔多区（Pardo，15821公顷）都有一定范围的城市公园被城市吞噬。其他城市也有大面积的自然空间，城市的发展要么在其上，要么在其周围，但尚无能力将其完全占据。人们最好是对城市的发展加以限制。德黑兰的厄尔布尔士山脉和波哥大的瓜达卢佩山和蒙瑟瑞特山就是两个很好的例子。

自然连接者

我们与建筑师穆罕默德·马吉迪（Mohammad Majidi）合作，在德黑兰一同创建了一个开发项目，选定的区域范围在厄尔布尔士山脉与诸多城市之间。

厄尔布尔士是个非常壮观的山脉，从里海开始将加兹温省与德黑兰之间的平原一分为二，并左右了丝绸之路的走向。德黑兰与全球其他许多城市一样，都被问到了城市与自然之间的关系，近年来，这些城市的人口从300万飙升至1300万，而自然环境，就德黑兰而言，一直就是同一座海拔介于2500米到4000米之间的山。按照惯例，允许使用与禁止使用的土地之间要用红线隔开，但为了项目的顺利进行，我们建议用通道的概念代替红线：通向厄尔布尔士山脉的7条通道（The Seven Doors to Alborz）[20]。可以沿这条虚拟界限建造7个文化设施，用以管理城市与山脉中空旷区域之间的关系——正是因为有这个山脉，城市才能免受北风侵扰。我们会利用这7条通道对被孤立的小块地区进行开发，并将它们连接起来，另外还会在这块地区修建一个文娱活动中心。这个要素其实就将自然空间定义为了要向城市学习的地方。

所有城市都已用红线确定出了"城市"与"大自然"之间的界限。而且这些红线都被有计划有步骤地向有利于扩大城区面积的方向推进了。直到现在，人类活动及其栖息地的范围都有不断扩大的趋势。如果将"大自然"理解为"城市"的反义词，当作是一无是处的空旷地带，那么它的命运就显而易见，很不乐观了。不过，如果将大自然理解为并真正用作供人休闲、放松、休息或获取知识的场所，那么它就会成为又一适宜人类居住的空间。

限制与土地使用有关的增长和投机催生了自我保护机制。城市和非城市都有这样的防御机制。但事实已经证明，这些机制效率低下。作为从自然环境管理中独立出来的学科，城市设计似乎已经失去了自身的意义。城市设计企图利用技术来管理这片地区，其主要目的是保护这片地区不被人类所伤害，这样我们就会在使用和管理这块土地时，重视它的优秀之处，重视发明创新的能力。

其实，正如科尔赛罗拉[40]公园技术总监佩普·马斯卡罗（Pep Mascaró）对我们的提醒，自然或景观建筑的设计并非20世纪现代建筑的组成部分之一。尽管包豪斯（Bauhaus）[21]学派开设的设计课程从"勺子到城市"无所不包，但确实没有将景观建筑的研究涵盖在内。对现代建筑来说，大自然是个没有固定形状的空间，与一种抽象的休闲相关，另外，在这些地区所修建的住宅区就形同孤岛，这一点我们在勒·柯布西耶、密斯·凡德罗（Mies van der Rohe）等建筑大师的图纸上都能看到。史上首位重要的现代景观建筑师也许就是罗伯特·布雷·马克斯（Roberto Burle Max）了吧，他擅长将自然与城市和楼宇的设计融为一体。与他同时代的有卢西奥·科斯塔（Lucio Costa）和奥斯卡·尼迈耶（Oscar Niemeyer）。

其实，在对不宜居地域及与其直接相邻的周边环境进行界定时，会涉及一个战略问题，它与城市和自然之间的相互作用有关，也与评估城市和自然究竟是谁影响谁有关。很明显，城市在过去的2000年里，有计划有步骤地先后将耕地及耕地周围的林地给占为己有。巴塞罗那、巴伦西亚及其他许多地中海城市都是在一片肥沃的土地上发展起来的，过去的居民常常是自己种植每日要食用的食物。

在美洲城市，城区与农田之间的关系总是要更广阔些。这里的地域面积更宽广，而城市之间，或"区际出口物"之间的互换是从这些土地成为殖民地的那天开始就已经就位了的。

当城市的发展已经以宜居的城市核为中心同时向上、向下、向远处、向近处发展时，决定其未来发展的根本就在于回顾这片地区的必备要素，并对这些要素进行重新评估。尤其是在提到促进资源生产的本地化时。恢复整块地区的渠道、河流和自然系统，或是农业，都有助于改善居民生活质量、提高环境品质、减缓附近系统运转的速度。

城市再自然化的机会

巴塞罗那大都会与全球少数几个城市一样，城区形状由左右其地域结构的自然要素决定。

科尔赛罗拉公园是所在地区的地理中心。在马德里、巴黎或柏林这些大都会中，历史中心就是地理中心，它们从这个中心开始，按照同心环结构向外发展。但巴塞罗那和它的大都会城市核是在大量历史定居点周围形成的，而这些定居点最终合为了一体。构成该大都会区的众多城市核之间由公路和铁路线连接，令它们能更便利地开展日常互动。因此，对已有人居住的城市核来说，山岳形态学已经成为左右其扩张的一个决定性因素。城市核层级基础设施齐全，涉及水处理、客运、物流、废物管理等方方面面。上升到大都会层级后，我们发现巴塞罗那的中心是一块面积广大的自然空间——科尔赛罗拉公园。我们能看到，它被诸多城市核和一个重要的公路系统所包围，贝索斯河和略夫雷加特河自然划定了它的边界，公路系统就是沿着这一边界分布的。

科尔赛罗拉公园是刚刚宣布成立的自然公园。在19世纪末的巴塞罗那扩建时期，科尔赛罗拉山脉也被划到了扩建用地范围之内，人们制订了诸多计划，准备在这里建造人类的第二住所和各种休闲活动的场所。提比达波游乐园就建在该山脉的一个山峰上，而这个项目得以成功要归功于索道缆车，有了缆车，城市居民就可以坐着上山了。巴黎的蒙马特、洛杉矶的盖蒂中心等都采取过类似的举措。

拉尔拉巴沙达娱乐城（Gran Casino de l'Arrabassada）也建于那段时期，与巴利韦德雷拉（Vallvidrera）的城市开发恰巧同时进行。另外还有两个城市设计项目，尽管结局与前者大相径庭，但也是向山顶扩建行动的一部分。

著名的桂尔公园（Park Güell）起初是桂尔伯爵（Count of Güell）制定

的房地产项目，由高迪操刀设计。该项目原计划修建多个个人住宅单元，但最终只建成了一个。这片地区围墙环绕，只能由门进出，当地居民出行都使用私人交通工具。在科尔赛罗拉山脉东北面山坡还有另一个开放式的项目，计划在阿文古达德尔提比达波（Avinguda del Tibidabo）周围进行单亲家庭住宅的开发。该住宅区居民的出行工具是公共的有轨电车，而这个项目也很快就取得了经济上的成功。相较之下，桂尔伯爵的项目之所以失败是因为他个人经济崩溃了，所选择的开发模式也失败了。不过，今天的巴塞罗那也许会因这个项目的失败而庆幸吧。

上面两个项目为我们提供了一个极好的比较案例，可以对比开放式项目（就像开源代码）和封闭式项目（就像私有代码）之间的区别，事实证明，封闭式项目很难抵抗周边环境中的任何变化。开放式、杂交型的系统比封闭系统更能适应支持系统的进化。

多年后，富裕的资产阶级已经开始向北部的科斯达布拉瓦或塞尔达尼亚迁移，科尔赛罗拉山脉地区也随之成了最贫穷阶级的聚居地，但尽管如此，当地建筑物的数量仍开始越来越多。

在20世纪80年代，随着首个以将科尔赛罗拉公园转变为公共空间这一理念为基础的规划出现，科尔赛罗拉山脉就被划为了保护区，几乎所有不利于当地保护的开发项目都被中断了。

21世纪初，科尔赛罗拉公园的面积就已超过8000公顷，延伸到了9个不同的自治市，由生物学家马里亚·马蒂（Marià Martí）领导的联盟进行管理。这个公园被城市核所包围，聚集了超过300万的居民，不过公园本身与临近山脉或从旁流过的河流之间没有任何实体连接物。

这种情形下只有两种选择：要么是公园影响周边城市，迫使城市对市内部分被破坏的自然网络进行修复，要么是公园被城市影响，成为其功能的组成部分。

2003年，时任加泰罗尼亚州省政府大臣的安东尼·比韦斯（Antoni Vives）发起了一项名为超级加泰罗尼亚³⁴的研究，该研究抓住了反思城市未来的机会。当时，加泰罗尼亚和西班牙正忙于城市发展，我们为了确定加泰罗尼亚完全建成的时间，对该地区城市化的速度增长率进行了研究。根据估算结果，加泰罗尼亚到2375年才能彻底实现城市化。因此，制定反转城市化进程的步骤是个不错的主意。我们提议"对这片地区实行再自然化"，凭借这一过程，大自然就能在城市土地上发展起来，将近年来的一些城市化成果，比如新建的住宅区和自主工业区，给中和抵消掉，并建立起自然—人工相结合的新环境，优化城市结构。

数千年来都是人工环境在自然环境之上不断扩张，现在，地域的基本要素（地质状况、地形特征、植物生态、气候等等）已经成为将城市开发带往相反方向的积极助力。那些要素可以根据自然逻辑对具有历史意义的人造生态系统（城市和网络）进行改造，或创造崭新的多功能构造。科尔赛罗拉山脉与巴塞罗那及其大都会地区的关系也引发了一模一样的讨论。科尔赛罗拉山脉不需要保护其自然价值；它需要做的是影响周边城市。它需要修复当地自然系统的结构轴，曾经位于当地溪谷、沟壑及其他地形结构中的河道已然不再，随之隐形的还有原本相当明显的结构轴。

纽约生态学家埃里克·桑德斯（Eric Sanders）进行了名为"曼哈顿：纽约市的自然史"（Manhatta: A Natural History of New York City）⁴¹的研究，他在研究中展示了城市建立前的纽约地区，包括这里的自然系统和原始动物。这一研究刺激人们重新思考城市再自然化可能需要经历的过程。

纽约的"高线公园"（High Line）[42]就是拥有新型景观建筑的典型城市空间之一，这些景观建筑没有否定自然循环，而是将其融入了城市，摆到了人们眼前：这一循环主要是在草坪上而非花丛中体现出来的。高线公园是在一条旧的高架铁路线上修建起来的公园，由非营利协会管理。公园内有种类丰富的植物和树，从它们身上你就能看见自然的循环往复生生不息，而这也是城市周边区域草坪的典型特征。

再自然化在再自然化发生媒介及其周边的实体设施和环境之间创造了一种平衡。

为了推进城市的再自然化，我们需要减少公共空间中私人交通工具的使用。

在城市内增加更多自然区域而非建筑的做法将令炎热时节更好过，因为它们会帮助降低周围环境的温度，并减少建筑对制冷系统的需求。

通过对城市街道上旧有水道的恢复，既能提升城市的环境品质，又能令城市更加人性化。

将自然与大都会连接起来

已经被城市化摧毁的市内自然网络是否可以与周围的基础设施连接起来？

我们在靠近河流的平原地区进行了数十年的交通、物流和城市化的基础设施建设，现在，我们需要对部分被城市化摧毁的自然环境进行恢复。为了打造自然化的城市空间，我们必须利用科技，对自然中必不可少的网络进行精心的设计与架构。

巴塞罗那大都会项目即将制定的另一个基本策略与现在如同绿色岛屿一般的科尔赛罗拉公园及其周边的自然系统都有关系。该策略就是要将它们二者连接起来，尤其是要将这个公园与北边的海岸山脉和南边的加拉夫（Garraf）连接起来。提到该事，目前已有人提议考虑创建自然桥梁的可能性，若成功实现，行人、自行车或马匹就可以在不同的自然空间之间往来穿梭，动物也能在不同山区系统之间迁徙。

它将为你提供徒步旅行和放缓步伐的权力。

当然，科尔赛罗拉公园除了是自然公园外，也是城市系统的组成部分。

它位于城市中心，目前每年接待的游客数量在200万以上。因此，我们不能假设游客会自行规划自己的旅游活动，而是要修建适当的基础设施，根据具体情况相应地组织、促进或限制园内的活动或交通。

其实，我们今天所知的森林，在一百年前曾是非常重要的农业空间。科尔赛罗拉山脉几乎与其他所有类似地形的地区一样，都是专门用来为城市生产食品、木材和能源的场所。人们在科尔赛罗拉山脉种植了大面积的葡萄藤，但都被葡萄根瘤蚜杀死了，这种根瘤蚜摧毁了欧洲绝大多数的葡萄酒酿酒葡萄。该地区的组织和管理都是以大型房地产为基础进行的，这些房产集中在至今仍存在的大量传统农舍周围。位于萨丹约拉（Cerdanyola）自治市的巴利道拉（Valldaura）就是其中之一，它由西多会修道会建于1150年。

自然和自足

加泰罗尼亚高级建筑学院开设了一个专门研究房地产的研究中心，中心的研究项目包括了自足栖息地，这项研究的目标是通过观察自然界的运作方式达到与其共存的目的。自然界天然就是自足的。

自然界由一系列活的元素组成，这些元素从它们生存的环境中汲取资源。它们能作为一个互相连接的整体的一个部分发挥功能，也能作为生态系统的一部分发挥功能。这是城市应有的形态。

在20世纪前，人类一直以开采资源的方式与自然界发生互动。如果人类能在这个过程中对自然进行保护，那么资源就能得到周期性利用。

我们如今面临的挑战是如何发明一套保护和管理自然的系统或解决方案，这套系统或方案应依靠现有技术和系统发挥作用。

城市需要被设计成一个能量和信息交换的封闭循环系统。

在展示项目时，我们演示了我们的项目大纲，它是对"通过体验向自然学习"构想的总结。然而从中世纪至今，大学教育都是建立在针对具体学科（医学、工程学、建筑学、法学等）开展高级训练的基础之上，每当新学科问世，世界上的建筑就会发生改变。这些学科通常都从已有学科杂交而来。由生物学和计算学融合而成的生物技术学就是一个例子。

我们提议采取多层级的教育方式。围绕人类和人与周围环境交互的能力开展教育，其目标是培养本地生产资源（食物、能源和商品）的能力、与世界进行互动的能力和通过信息网络分享知识的能力。

我们要把人当作人来进行教育，并教授他们如何生产本地生活所需的资源、如何与全世界分享人、环境和地球积累的知识。

巴利道拉[43]将被打造成多学科环境。2009年，我们邀请梅格·洛曼（Meg Lowman）[44]来巴利道拉开了一次研讨会；她是树冠生物学（Canopy Biology）的创始人，这门学科研究的对象是森林上层栖息地的生物，在大多数情况下，这类生物为了移动，需要轻型结构和滞空能力。我们跟随洛曼对森林和森林生物多样性开展了一系列研究。巴利道拉还将成为首个能源网的应用地点。在能源网中，通过智能网络的管理，来自风力发电、光伏发电、沼气发电、生物质能发电和水力发电等不同方式产生的能源将被提供给各类消费者。

关于能源，有一个有趣的现象：我们知道能源是什么，却不知道该如何衡量它。每个人都知道一米是多长，一公斤是多重，每小时十公里是多快，一张图片有多少千字节，但我们却不知道一千卡能产生多少热量，也不知道一千卡能产生多少能源。从文化角度看，能源单位并不像其他单位那样，能在我们心中内化。为了与能源进行互动，负责任地生产和消耗能源，我们应该明白能源是什么，怎么测量能源。

科尔赛罗拉应在未来几年发展的项目之一，就是建造一个或多个的生物质能发电站。在森林里，生物质能每年按照4%的速度增长。对某些树木进行修剪能让其他树木生长得更好，清理矮灌木能阻止火灾蔓延，大雪会压塌不少树木，导致公园无法通行。举个例子，自然会通过像火灾这样的突变为树木的生长清理空间。如果火灾被阻止，人们就应该加强对林地的管理，以提高生物多样性。

畜牧业、农业生产、旧农舍取暖所需的能源，来自收集起来的落木，这是获取自然资源的一种方式。

但是，由于人们不再需要出于功能或者经济原因清理树木和道路、收集倒下的树木，这些行为开始消失。这就是我们为什么要在科尔赛罗拉山脚和另一边山谷建造生物质能发电站的原因，这将为人们清理公园中的生物质能创造新的理由。

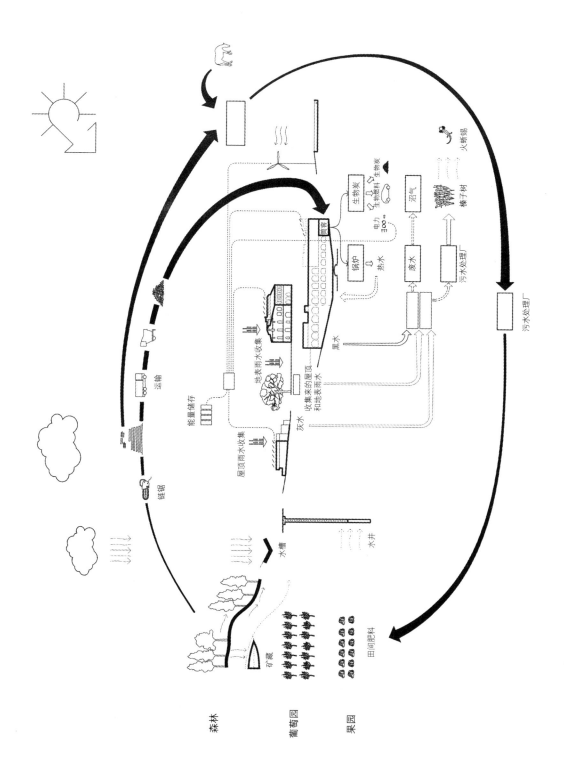

森林

葡萄园

果园

链锯

运输

能量储存

屋顶雨水收集

地表雨水收集

收集来的屋顶和地表雨水

灰水

黑水

矿藏

水槽

水井

田间肥料

锅炉

热水

废水

生物炭

生物燃料炭

电力
300⌂

沼气

污水处理厂

榛子树

火蜥蜴

污水处理厂

简客

事实上，工业化进程使我们忘记了木材是知识的来源。自足城市应该坚持使用可以支配的资源，限制对最具生态价值的地点造成影响，对自然和周围环境进行管理。

马与世界之间的联系

与自然的融合的过程同样把我们和过去连接起来。

当人类驯服马匹，并将其当作运输工具，提高了旅行速度后，世界发生了改变。马与它拥有的能力使阿拉伯军团能以更快的速度行军，也使西哥特重甲大军在公元 8 世纪时入侵伊比利亚半岛，并盘踞数百年。

在第一列火车及之后诞生的汽车问世以前，马一直是人类的交通工具。但到了现在，这种现在上层阶级专属的动物却能够成为保护土地的关键元素。

在 1993 年世界经济危机时，我贡献一部分专业知识，创办了一家为多媒体系统设计图形平面的公司。1995 年，我们凭借着一座名为 CD-ROM[45] 的建筑在戛纳赢得了最具分量的国际大奖莫比乌斯最佳图形平面奖。1997 年，我们的一件作品进入了巴塞罗那大都市区比赛的决赛，与我们同台竞争的是比尔·盖茨旗下的公司，那家公司花了比我们多一百倍的钱，以莱昂纳多·达·芬奇的《莱斯特手稿》（*Codex Leicester*）[46] 为基础创造了一件交互式应用程序。

15 年之后，在 2008 年，我们决定向专业耐力骑手学习骑马，这种运动与马拉松跑步相似，而且其全球总部坐落于维克市。我们发现了一种了解自然世界的新方法。骑马使人和大地重新连接起来，当你在马背上驰骋时，你能感受到大地的颤动。

在20世纪60年代的西班牙，只有最富裕的阶级才打得起网球。但当网球选手桑塔纳（Santana）把网球热传播到全球后，当时的住宅区中出现了大量网球场。

在20世纪八九十年代，高尔夫同样是一项精英运动，巴雷斯特罗斯（Ballesteros）和奥拉查宝（Olazábal）在高尔夫运动上取得的成功使这项运动流行起来。在那些年，一些城市的高尔夫球场就是因此发展起来的。在很多情况下，高尔夫球场对土地是有害的，因为这种运动占用了最多的土地，却只有最少的社会功能。

在21世纪头10年，法国、德国、海湾国家等地掀起了马术运动的热潮，马术在这些地方成为国民运动。而且这种运动不仅只是骑马参加盛装舞步、场地障碍赛和赛马比赛。人们同样骑马穿越陆地，开展耐力赛。

2007年，我结识了何塞·曼努埃尔·索托（José Manuel Soto），这名安达卢西亚歌手决定举办一场"马术界的达喀尔拉力赛"。这场比赛是世界上赛程最长的马术比赛，它一开始被称为"安达卢斯"（Al-Andalus）。每年，这场比赛都会用8天时间完成500公里的赛程。

索托每年都会在安达卢西亚的乡村公路寻找适宜完成这500公里竞赛的村道。因此我们邀请他参加由加泰罗尼亚高级建筑学院举办的"城市设计好消息"（Buenas Noticias en torno al Urbanismo）会议，因为我们觉得通过一场简单的比赛来强调土地的价值，是一个极好的想法。

从加泰罗尼亚到瓦伦西亚，我顺着瓦伦西亚境内的维亚奥古斯塔大道旅行。海梅一世（King Jaume I）在征服瓦伦西亚时，也走了相同的道路。现在，有人打算把这个地方打造成城市，并修建综合地产。

重要的比赛大本营被设在了普伊赫（El Puig）附近，因为维亚奥古斯塔长度有限，普伊赫附近设置的环形道路能确保赛程长度。

在跟索托一起旅行时，我理解了为什么会有人反对把村道变成公路。发展和城市化并非总是代表进步。与之相反的是，我们应该在高速铁路网边上修建一套平行的低速交通网，供行人、骑车者和骑马者使用。这套网络应该受到与国道相同的对待和保护。

人们有权在地球上步行。

在互联的自足城市中，拥有步行或旅行的权利、采用低速系统、不找借口使用"大型汽车"，这些是非城市化区域与城市保持区分的基本要素。

2009 年，我受建筑学院院长斯坦·艾伦（Stan Allen）之邀前往普林斯顿大学。我在那儿遇到了《反对派》（*Oppositions*）杂志的共同创始人马里奥·盖德桑纳斯（Mario Gandelsonas）。《反对派》在纽约发行，是一本很有影响力的建筑学杂志。马里奥告诉我，他正在研究 21 世纪的交通设施。

我问："火车？"

"不，那属于 19 世纪。"

"汽车？"

"不，那属于 20 世纪。"

"那到底是什么？"

"手机和马。"低速交通和出现在手机界面的语境信息。

不可思议。

我们顺着巴塞罗那附近森特列斯（Centelles）的村道开展旅行；我还

拜访了与伊尔德方索·塞尔达同属一个家族的马斯·塞尔达（Mas Cerdà），这位工程师对人类栖息地的建设怀有乌托邦式的愿景，他发展了城市"乡村化"和乡村"城市化"的概念，还创造了城市设计的概念。

时间已过去一百五十年，我们需要重写人类栖息地的历史。

市民看不见的大城市

大城市是工业城市的原型。城市里高密度的建筑和资源满足了大型生产中心附近大量人口的需求。工业物流体系维持了大城市的供应，核电站和风力发电厂等生产节点提供了城市所需的能源。尽管城市被具有生产力的农业用地包围着，但城市里的食物却是经由海陆空等物流运输平台从地球各个角落运过来的。

大型城市集群就像抽象的机器那样工作，在那些城市中，土地节点经过品牌包装，成为在全球市场开展竞争的一个要素。然而，这些大城市里人们生活的大部分社区却毫无差异。

之所以出现大城市，是因为这些城市是重要的世界中心，它们可能是港口、码头、工业生产中心或者重要的政治中心。

在信息社会，人类向大城市聚集的趋势似乎是不可阻挡的。当农业所需的劳动力越来越少，大城市热潮能为全球化经济提供安全保障。

大城市已经发展到了一个就连城市本身也无法自我理解的维度。超过两千万人聚集在墨西哥城，城市街区内的日常互动已变得十分重要，因为那里存在着一定规模的社会活动和某种意义上的"市场"。在这样的城市里，有些人永远不会造访其他社区，即使这些社区就在他生活的城市之中。

在那些伟大的大城市里，城市交通井井有条，大人物坐着直升机在楼宇屋顶起降，地面上社区的安全也得到保证。

一个由"慢城市"社区（或其他与之等价的地区）组成的大型城市能成为一个大城市吗？

"慢城市"是一项降低生活节奏，提高城市品质的运动。它从以特许连锁反对全球同质化的"慢食"运动发展而来。

这项运动的起源地是市民数量不到五万的托斯卡纳。

在未来，大城市需要自我分割：在社区或地区这一层级上创造能够自足的团体，并与附近地区保持联系。

为了实现这一目的，城市必须对节点的规模加以控制，以满足市民的需求。联网社区的管理者将不得不求助于体现互联网特征的合作文化，它能通过开放平台达到全方位的协作。这与建立在控制和对抗基础上，体现传统政治党派特征的传统文化是背道而驰的。节点、连接、激励生活的环境和开放的治理协议。

从 "PITO" 到 "DIDO"

2011年3月，当时的巴塞罗那市市长候选人，现任市长特里亚斯（Xavier Trias）与安东尼·比韦斯和其他人组团前往美国考察参观。

麻省理工学院比特与原子研究中心主任尼尔·格申菲尔德为考察团主持了一场会议。会议探讨了哪些项目能让巴塞罗那实现复兴，其中尤其讨论了城市社区和街道的自足，以及扩展到整个城市的自足。最后会议得出结论，要实现这一目标，需要打造一个"由低速生产社区组成的、高度连接的零排放高速城市"。

一句新咒语。

我们首先对麻省理工学院比特与原子研究中心进行参观。我们参观了中心的数字化制造设备，它能在纳米层级上像数码打印机和数控机床那样制造任何产品。

参观过后，我们开始辩论。尼尔介绍了中心与加泰罗尼亚高级建筑学院合作的历史，并介绍了媒体房、威尼斯双年展的超级栖息地和工厂学院等种种建筑。我在做演示时使用了巴塞罗那的图片：从城墙包围城市的时代到塞尔达的埃桑普勒区建设计划，图片展示了巴塞罗那发展的各个历史阶段。塞尔达提出要在城市化过程中增加土地的附加值，让城市里的所有居民拥有更健康的生活条件。在展示完塞尔达的计划后，我们展示了能够进一步提高土地附加值，使城市楼宇、街区和社区实现自足的新战略和新工程。其方式就是前文提过的打造联网自足城市定居点。

最后，尼尔让我们把图片倒回到巴塞罗那被城墙包围的那张图，并建议我们修一道新城墙：

尼尔称："城市应该生产其运转所需的全部资源，并把制造出来的一切废弃物变成新材料和新产品。"

一名学生问："那城市该如何生产食物呢？"

"问得好！垂直农业正在发展之中，这种技术能使城市生产食物。"尼尔继续说，"能源能通过可再生系统生产，商品可通过数字工艺制造。城市应该进口和出口数据，而非产品。但现在我们采用的是'产品进垃圾出'（Products In-Trash Out，PITO）的模式，我们应该转变为'数据进数据出'

（Data In-Data Out，DIDO）的模式。"他以一种挑衅的口吻给出了结论。

　　互联的自足城市（即DIDO城市）项目能为城市的整体行动打下框架。它能创造一个平台，把各个学科和能源生产、废弃物管理、通信、物资回收、食品行业等各行各业的先锋给整合起来。工程师、建筑师、人类学家、政治家、生态学家和为城市创造范例的各路专家都将成为这些领域里的先锋旗手。

结 语

从 大 城 市 到 超 级 栖 息 地

大城市是不连续的大都市。它通过网络进行组织，是一片由城市细胞、自然空间和网络运行构成的土地。它是市民生活、工作和休憩的有效空间，信息网络和交通系统把它连接起来，它超越了住宅、楼宇、街区、社区和城市的传统界限，向外延伸。

在《大城市——城市的未来》（*Métapolis ou l' avenir des villes*）[48] 一书中，弗朗索瓦·亚瑟（François Ascher）认为我们栖息的土地并不连续，它是由信息网络连接起来的。

市民的日常行为决定了大城市的尺寸和城市的自足程度。

在那些个体不断发生基础循环的实体空间，文化认同尽管不会发挥决定性的作用，但能帮助提高大城市的效率。

2003 年，应加泰罗尼亚地方政府的请求，我们完成了一项名为"超级加泰罗尼亚"[34] 的研究。此项研究的目的是对加泰罗尼亚的"大都市"进行研究，观察城市的组成，找出在未来信息社会的影响下，有哪些具有潜力的地区可以提升效率。

就面积和人口而言，加泰罗尼亚与马萨诸塞州相当，这一地区的GDP占西班牙全国的20%。加泰罗尼亚的面积是丹麦的8倍，人口是丹麦的6倍。

我们在研究过程中以新的表现方式重新绘制了加泰罗尼亚的地图，并进行了一系列实验，例如为检测钢筋的极限承受力，我们根据不同的项目和层级在材料实验室对钢筋进行了压力测试。你可以在巴塞罗那现代艺术馆看到研究的成果。

2011年末，西班牙建成了世上最大的高铁网络。这项举国瞩目的工程终于美梦成真。在这个网络中，从一个地方通向其他地方都会穿过国家中部地区。这个项目在起步阶段就已过时，因为它投资了成百上千万美元，把那些人烟稀少的地方连接起来，却忽视了如地中海沿岸这类必须进行投资的走廊地带。这些走廊地带集中了国家的大部分人口和生产力，而西班牙高铁的布局却对整个系统造成了损害。

互联的自给自足城市的模型要求对管理现实的方法进行大规模改变。根据具体情况，无论是城市、大城市或是大都市，它们都会变成治理市民的基本实体，因为相应的城市规模生产了城市日常生活所需的关键资源。

我们生活在城市世界中。城市在地球表面仅占3%的面积，但却居住着50%的全球人口，排放了70%的全球二氧化碳。到2050年，世界上会有70%的人住在城市里。地球将面临由经济和社会发展引发的环境问题，而这些问题是在城市里产生的。

管理能源、参与组织是世界政治的核心。像世界银行这样的全球经济组织或是联合国，都受着国家的控制。1992年，联合国环境与发展大会在里约热内卢举办，大会通过了《联合国气候变化框架公约》，城市与非政府组织地位相当，也参加了大会。城市的口径跟国家的口径是不一致的。两者的直接利益是不同的。两者处理政治问题的方式和节奏也是不同的。

2011年2月，北非危机导致全球油价飙升。2010年，俄罗斯大火导致小麦价格上涨。国家政治讨论的无非是民主政治体系、国家革命和跨国协议，它们的核心都是对能源、信息、原材料和食品进行控制。

我们已经在书中提过，信息技术使我们得以用新的方式组织世界，这使得土地能依赖自身潜力发展；由于土地无须依赖全球效应影响资源，因此它们在经营时就能提高本地化程度，以提高世界的宜居性，这使得土地与地球面对的环境挑战变得更为一致。

如果全球经济围绕城市开展经营，当城市通过信息网络与这个世界相接后，城市就得在本地生产大部分经营所需的资源；如果全球商业建立买和卖这两类信息的基础之上，而无须思考如何用集装箱在世界范围内运输实体产品，我们就需要打造一套治理世界的新结构。世界信息技术的发展会催生出未来的物流体系。它就是互联网城市。

信息技术改造城市，却不曾改造世界的组织方式，这样的想法是十分天真的。

人们会越来越认同本地群体。其结果就是除了制定法律、发放预算、保卫国家等事情，许多当前由国家承担的责任会越来越多地落到大型组织的肩上。这样的现象正在欧洲上演。

互联的自足城市改变了世界治理的规模，并且与基于城市打造的组织模式一致。就像欧盟和美利坚合众国那样，由于联网，自足城市和自足地区有了更高级的治理主体，而且它还连接着全球协调平台，受着联合国这一世界组织的庇护。

很多像C40城市集团和地方政府联盟（UCLG）那样的城市组织平台极具系统性，它们的目标是协调政策，鼓励共同进步，这一场景让我们想起20世纪初人们创建国际联盟，协调国际关系的画面。我们现在正处于为促进城市甚至是全球共同进步而建设世界组织和治理结构的基础性时刻：本杰明·R.巴伯（Benjamin R. Barber）在《如果由市长统治世界》（*If Mayors Ruled the World*）[49]一书中提出了世界合众城市和世界城市大会的构想。1995年，麻省理工学院媒体实验室创始人和主任尼古拉斯·尼葛洛庞帝（Nicholas Negroponte）出版了《数字化生存》（*Being Digital*）[50]一书，这是人类在信息社会发出的第一个宣言。在书中，作者断言联合国将在50年内拥有2000个成员，而非200个。作者称：对本地而言，国家太大，对世界而言，国家太小。

巴塞罗那、加泰罗尼亚，许多城市正成为崛起中的新世界代表，这些城市既拥有城市组织形式，也拥有洲际组织形式，它们可以像法国大革命或美国革命那样，针对当下的挑战创造一些新形式。18世纪末的革命使得基于人权产生的新价值观得以形成。

自足城市应该将提升市民和社区的生活品质作为衡量其成功与否的中心目标，并以城市科技的再工业化、能源的本地生产和更具生态和环境价值的饮食文化为基础进行建设。

楼宇、社区和城市在改造时应以新的原则为基础，在设计实体环境时提高城市自足性。

为了使这种改变成为可能，我们需要以组织和企业的形式领导政治和社会，在新路线图的基础上生产利润，增进集体利益。

现在有两个挑战出现在我们面前，第一个挑战是当我们在运用知识促进城市化合作进程时，大量人口从农村进入了城市。这种情况在非洲、亚洲和拉美等地的发展中国家尤为普遍，在未来30年，由于移民潮和人口增长，将有超过20亿人进入城市。

如果届时所有国家和新建城市发展以工业经济为基础的城市模式，全球灾难将不可避免。

另一个挑战是通过生产和环保再生工艺，利用新技术和新的生活组织方式增加既有城市的价值。这最终将使市民更加掌握生活的主动权。与管理土地的行为蜕化成民主建设以组织市民生活的行为不同，那种做法已经把城市变得物化。我们要根据新原则重塑城市，像人类在历史上不断做的那样，在原来城市的基础上对其进行再造。互联的自足城市。

致 谢

这本书首先要献给我的妻子努丽娅·迪亚斯，从她那里我已经学到，并将继续学到很多东西，而这本书中的很多想法，也正得益于她的鼓励与支持。同样要感谢我的儿子莱昂（Léon），他每天都能让我有所收获，想到更妙的创意。最近几个月，我有幸和我的亲戚们一起重新住回了一个三代同堂的家里边，这不禁让我想到了我在瓦伦西亚度过的童年时光，那个时候，每天家里都有十个人一起吃饭，长幼间的年龄差最大甚至可以达到七十岁。好不热闹！

我还要感谢所有瓜里亚尔特设计事务所（Guallart Architects）的创始团队成员，特别是玛利亚·迪亚斯（María Díaz）、安德烈亚·伊马斯（Andrea Imaz）、费尔南多·梅内塞斯（Fernando Meneses）、达妮埃拉·弗罗盖利（Daniela Frogheri），以及这些年来所有的合作伙伴们，正是通过和他们之间的交流与合作，我才得以完成这本书中提到的很多设计项目。同样还要感谢我的其他合作伙伴们，特别是安赫尔·希洪（Angel Gijon）、

J. M. 林（J. M. Lin，音译）、穆罕默德·马吉迪，以及其他来自公司和政府方面的代表们，没有他们的支持和推动，我不可能做到所有这些。

另外还要感谢我所有在西班牙加泰罗尼亚高级建筑学院的同事。在我被任命为"巴塞罗那首席设计师"之前，我一直主持着学院的日常工作。我要特别感谢学院的共同创始人威利·穆勒，以及曼努埃尔·高斯、马尔塔·马莱-阿莱马尼（Marta Malé-Alemany）、阿瑞迪·马库鲍罗、拉亚·皮法雷（Laia Pifarre）、托马斯·迭斯（Tomás Diez）、卢卡斯·卡佩利、丹尼尔·伊瓦涅斯、罗德里戈·鲁维奥。正是他们促成了很多的设计，也是他们，使得加泰罗利亚高等建筑学院成为一个既掌握有充足知识，又具有足够远见、并且致力于营造更加别致的人类栖居环境的创意中心。同样感谢学院所有的学生、研究人员，以及董事会的历届主席，包括费利普·普伊赫（Felip Puig）、罗伯特·布鲁福（Robert Brufau）、弗兰塞斯克·费尔南德斯（Francesc Fernández）、哈维尔·涅托（Javier Nieto）、弗兰塞斯克·霍安（Francesc Joan）、奥里奥尔·索莱尔（Oriol Soler）以及所有的董事会成员。还要感谢所有同我合作过的公司、组织，虽然他们来自不同领域，不同政治派系，但通过我们共同的努力，这一切成就最终成为可能。他们都为建立一个小巧、独立、全球化的组织，贡献了力量。自这本书的第一版面世以来，巴塞罗那市政府经历了多次调整，我有幸最终被任命为以哈维尔·特里亚斯市长带领下的巴塞罗那市议会下由安东尼·比韦斯先生主持的"新城市建设部"的一员。感谢他们，以及所有的市政官员、技术人员，正是他们掌握着无穷的有关市政管理的知识和经验。

参考文献

1. Ildefons Cerdà, *Teoría General de la urbanización y aplicaciónde sus principios y doctrinas a la reforma y ensanche de Barcelona*, (1st edition 1867, Spanish Edition) Nabu Press, 2012, 842 pp.
ISBN 13: 978-1278057859

2. Aaron Betsky, *Out there: architecture beyond building.Experimental architecture, La Biennale di Venezia, Mostra Internazionale di Architettura Volumen 3*. Venezia, 2008.
"Hyperhabitat" Vicente Guallart, Rodrigo Rubio, Daniel Ibañez.
view: http://vimeo.com/4295249. *Reprogramming the World: Hyperhabitat.*

3. Salvador Rueda. *Barcelona, ciudad mediterránea, compacta y compleja: una visión de futuro más sostenible.* (Barcelona: Ajuntament deBarcelona; Agencia de Ecología Urbana, 2002, 87 pp.).

4. Dipesh Chakrabarty, *The Climate of History: Four Theses. Critical Inquiry. Vol. 35, No. 2* (Winter 2009, The University of Chicago Press, pp. 197-222).

5. Marshall McLuhan, Quentin Fiore, *The Medium is the Massage: AnInventory of Effects is a book.* (Bantam Books, 1967).

6. Vicente Guallart ed, *Media House Project: The House Is The ComputerThe Structure The Network.* (Actar, 2005, 263 pp.).
ISBN-10: 8460908658

7. Neil Gershenfeld, *When Things Start to Think,* (Owl Books, NY, 2000, 225 pp.
ISBN-10: 080505880 X

8. Marvin Minsky, *The Society of Mind,* Simon & Schuster, 1988, 336 pp.
ISBN-10: 0671657135

9. *Spatial Information Design, The Pattern: Million Dollar Blocks,* Columbia University Graduate School of Architecture, Planning andPreservation, New York, NY 10027, 44 pp.
ISBN 1-883584-50-7

10. Vicente Guallart, *Sociopolis: Project for a City of the Future,* Actar/ Architectektur Zentrum Wien 2005, 294 pp.
ISBN 10: 8495951835

11. Terence Riley, *On Site: New Architecture in Spain,* The Museum of Modern Art, New York, 2006, 280 pp.
ISBN 10: 0870704990

12. Jeremy Rifkin, *The End of Work, Tarcher;* Updated edition 2004, 400 pp.
ISBN 13: 978-1585423132

13. Lucas Capelli, Vicente Guallart, *Self-Sufficient Housing: 1stAdvanced*

Architecture Contest, Actar, 2006, 384 pp.
ISBN 13 : 978 - 8496540439

14. Lucas Capelli, Vicente Guallart, *Self Fab House: 2nd AdvancedArchitecture,* Actar, 2008, 416 pp.
ISBN 13 : 978 - 8496954748

15. Lucas Capelli, Vicente Guallart , *Self-Sufficient City: 3rd Advanced Architecture,* Actar, 2010, 416 pp.
ISBN 13 : 978 - 8492861330

16. IAAC, Vicente Guallart, Daniel Ibañez, Rodrigo Rubio dir, *Fab Lab House.* Solar Decathlon Europe. Madrid 2010. http://www.fablabhouse.com/

17. Berok Khoshnevis, http://www.Contour Crafting.org/
Director of Manufacturing Engineering Graduate Program at the University of Southern California (USC)

18. Benoit B. Mandelbrot, *Fractals: Form, Chance and Dimension,* W. H. Freeman & Company; 1st edition (September 1977), 365 pp.
ISBN 13 : 978 - 0716704737

19. Aaron Betsky, *Landscrapers: Building with the Land,* Thames & Hudson, 2006, 192 pp.
ISBN 13 : 978 - 0500285381

20. Vicente Guallart, *Geologics. Geography, Information and Architecture,* Actar, 2009, 543 pp.
ISBN 13 : 978 - 8495951618

21. Barry Bergdoll, Leah Dickerman , Benjamin Buchloh, Brigid Doherty, *Bauhaus 1919-1933*, The Museum of Modern Art, New York , 2009, 328 pp. ISBN 13: 978-0870707582

22. Hilary Ballon, *The Greatest Grid: The Master Plan of Manhattan, 1811-2011*, Columbia University Press, 2012, 224 pp. ISBN 13: 978-0231159906

23. Ildefons Cerdá, *La cinco bases de la teoría general de la urbanización*, Sociedad Editorial Electa España, 2000, 448 pp. ISBN 13: 978-8481560657

24. Vicente Guallart, Artur Serra, Francesc Solà, *El teletreball i elstelecentres com impulsors del reequilibri territorial. La Televall de Ribes,* Quaderns de la Societat de la Informació 5. Generalitat deCatalunya, 2000, Barcelona, 78 pp.

25. Neil Gershenfeld, *Fab: The Coming Revolution on Your Desktop——from Personal Computers to Personal Fabrication,* Basic Books, 2007, 288 pp. ISBN 13: 978-0465027460

26. Dickson Despommier, T*he Vertical Farm: Feeding the World in the 21st Century,* Picador, 2011, 336 pp. ISBN 13: 978-0312610692

27. United Nations, *State of African Cities 2010: Governance,Inequality and Urban Land Markets,* Local Economic Development Series, United Nations, 2011, 276 ISBN-13: 978-9211322910

28. *Plans i Projectes per a Barcelona:* 1981/1982, Ajuntament de Barcelona,

Area d' Urbanisme, 1983, 297 pp.

29. Le Corbusier, *Towards a New Architecture,* Dover Architecture, 1985 (1st edition 1923), 320 pp.
ISBN 13 : 978-0486250236

30. Eric Mumford , *The CIAM Discourse on Urbanism, 1928-1960,* The MIT Press, 2002, 395 pp.
ISBN 13 : 978-0262632638

31. Jane Jacobs, *The Death and Life of Great American Cities,* Vintage, 1992 (1st edition 1961), 458 pp.
ISBN-13 : 978-0679741954

32. Maria Gutiérrez-Domènech, *¿Cuánto cuesta ir al trabajo? El costeen tiempo y en dinero,* Documentos de Economia de la Caixa N 11. Sep 2008, Caja de Ahorros y Pensiones de Barcelona, "la Caixa" , 2008

33. Jaime Lerner, *Acupuntura Urbana,* IAAC-Actar, 2005

34. Manuel Gausa, Vicente Guallart, Willy Muller, *HiCat: Research Territories,* Actar 2003, 800 pp.
ISBN 13 : 978-8495951403

35. Charles Darwin, *On The Origin of Species,* Emporia Books, 2011 (1st edition 1859), 320 pp.
ISBN 13 : 978-1619491304

36. Ildefons Cerdà, *Teoría de la Construcción de las CiudadesAplicada al Proyecto de Reforma y Ensanche de Barcelona, Incluido enTeoría de la*

Construcción de las Ciudades: Cerdà y Barcelona (vol. 1), Instituto Nacional de la Administración Pública y Ajuntament de Barcelona, Madrid, 1991. (1st edition 1859), 342 pp.

37. The City Protocol, *The City protocol society*
www.cityprotocol.org

38. Vicente Guallart, Willy Muller, Carlos Hernández Correa, *Multibogota: El por-venir de la ciudad discontinua. Una propuestaoptimista para la Bogota del siglo XXI,* Alcaldia Mayor de Bogota. Empresa de Renovacion urbana / IAAC, 2011, 699 pp.

39. Walter Ruttmann, *Berlin: Symphony of a Great City* [SILENT VERSION], 1927. Format: DVD

40. Josep Mascaró, Francesc Muñoz et alt., *Collserola. El parquemetropolitano de Barcelona,* Gustavo Gili, 2010, 152 pp.
ISBN 13:9788425223129

41. Eric Sanderson, *Markley Boyer , Mannahatta: A Natural History of New York City,* Harry N. Abrams, 2013, 352 pp.
ISBN 13: 978-1419707483

42. Joshua David, Robert Hammond, *High Line: The Inside Story of New York City' s Park,* FSG Originals, 2011, 352 pp.
ISBN 13: 978-0374532994

43. Miquel Sanchez i Gonzalez, *El Cister: i al principi fou Valldaura.Santa Maria de Valldaura, 1150-1169,* Ajuntament de Cerdanyola, 2001.
ISBN 13: 978-8495684189

44. Margaret D. Lowman, *Life in the Treetops: Adventures of a Woman in Field Biology,* Yale Nota Bene, Yale University Press, 2000, 240 pp. ISBN 13 : 978-0300084641

45. Vicente Guallart, Nuria Díaz, *Mateo at ETH,* RA CD-ROM 1, 1994, RA CD-ROM 2, *Around Barcelona,* 1996, Producciones New-Media.

46. Microsoft, *Leonardo da Vinci The Codex Leicester Software,* CD. ROM ASIN: B 000 A 8 J 6 B 6

47. K. Michael Hays, *Oppositions Reader: Selected Essays 1973-1984,* Princeton Architectural Press, 1998, 720 pp. ISBN 13 : 978-1568981536

48. François Ascher, *Métapolis ou l' avenir des villes,* Odile Jacob, 1995, ISBN 13 : 978-2738124654

49. Benjamin R. Barber, *If mayors Ruled the World: Dysfunctional Nations, Rising Cities,* Yale University Press, 2013, 432 pp. ISBN 13 : 978-0300164671

50. Nicholas Negroponte, *Being Digital,* Vintage, 1996, 272 pp. ISBN 13 : 978-0679762904

后 记

新 常 态 下 反 观 城 市 发 展

————————

比森特·瓜里亚尔特先生关于智慧城市领域著作《自给自足的城市》中文版终于面世了，这本看似讲述国际智慧城市建设案例的书，对当下的中国，特别是对新常态下中国的城市发展，有着非常重要的现实意义。因为城市的健康发展，永远是关乎国家利益的大课题。

所谓国家利益，就是关乎国家战略、生态环境、民众幸福感的大问题。城市的发展观，综合地体现着我们对这些大问题的认知程度与实践能力。国家主席习近平今年多次指出，中国发展处于重要战略机遇期，从当前经济发展的阶段性特征出发，应该保持战略上的平常心态，适应"新常态"。由美国太平洋基金管理公司总裁埃里安（Mohamed El-Erian）提出的"新常态"是一个宏观经济概念，指危机之后经济恢复的缓慢而痛苦的过程。作为世界经济的重要组成部分，当前的中国经济不可避免地也呈现出"新常态"，其表象为产能过剩、要素成本增加、创新力不足和财政风险加大等客观因素。加大创新力度、调整产业结构和扩大内需等举措是促进经济可持续发展的不二选择，而建设适合人居、适合经济品质运行的城市，更是新常态下城市规划、设计、建设者们必须要思考的问题。

在今年六月第十四届威尼斯建筑双年展上，北京国际设计周与威尼斯市政府共同推出了为期三年的"中国城市馆"，我们带去了过去三年中北京前门旁边的一个重要的城市保护修复项目—"大栅栏更新计划"。这个强调以地域文化及经济生态保护为核心的项目，试图用"针灸疗法"，在"少拆、少迁"的前提下，将当代的文化、商业元素植入胡同街道，获得了民众和社会的普遍支持。联合国教科文组织总干事博科娃女士在北京市科委主任闫傲霜博士的陪同下考察了大栅栏，西城区区长王少峰先生极大地关注了这个项目。

在一个充斥着大拆大迁的国家，这个项目竟然显得如此另类、与众不同。威尼斯双年展的展览获得了国内外媒体、专业人士的高度评价，特意前去参观展览的北京市副市长张工先生在展览现场感慨地说，"这个展览的意义不在于展览本身不仅用国际的方式讲述了中国，更体现在它集合了世界的智慧，解决着中国的问题"。

是的，大栅栏更新计划给我们提了一个很重要的课题，在新常态下，为什么在城市发展的课题上，不能更多地从软实力建设、文化修复、科技应用、智慧城市的角度，多一些切入，多一些用心，用一些探索？我们还在思考，随着2014年京杭大运河申遗的成功，能不能把保护性开发作为一个态度，更多地深入决策者、规划者、建设者的内心？

比森特·瓜里亚尔特先生的《自给自足的城市》给了我们更多的坐标，更多的思考空间。他为了我们勾勒了一幅更大的蓝图，就是如何让本土智慧和全球互联相结合，再度恢复城市深层的文化识别和内在的活力。

这种本能的恢复，也许就是当下中国城市发展最迫在眉睫的问题。新常态下，我们需要的不再是天马行空的想象，而是扪心自问的反思；新常态下，我们需要的不再是翻天覆地的勇猛，而更多的是敬畏文明、向历史讨教、向环境示弱、向民众问智的勇气。

陈冬亮

2014 年 9 月 10 日

陈冬亮：高级工程师/ 研究员（教授）

北京工业设计促进中心主任、中国工业设计协会副会长、北京工业设计促进会理事长、中国设计红星奖执行主席。

国家教育部高等学校设计学类专业教学指导委员会委员、工业设计专业教学指导分委员会副主任委员、国家科技部"现代服务业共性技术支撑体系与应用示范工程"重大项目专家总体组成员、文化部中国设计大展终审评委、国家工信部中国优秀工业设计奖终评专家、中国摄影家协会策展委员会委员、清华大学工业设计学科发展顾问、韩国设计振兴院顾问。

图书在版编目（CIP）数据

自给自足的城市 /(西) 瓜里亚尔特著；万碧玉译. — 北京：中信出版社, 2014.10

书名原文：Self-sufficient city:envisioning the habitat of the future

ISBN 978-7-5086-4793-7

Ⅰ.①自… Ⅱ.①瓜…②石…③李…④欧… Ⅲ.①城市规划 – 研究 Ⅳ.①TU984

中国版本图书馆CIP数据核字(2014)第208750号

自给自足的城市

著　　者：〔西〕瓜里亚尔特

译　　者：万碧玉

策划推广：中信出版社（China CITIC Press）

出版发行：中信出版集团股份有限公司

　　　　　（北京市朝阳区惠新东街甲4号富盛大厦2座　邮编100029）

　　　　　（CITIC Publishing Group）

承 印 者：北京诚信伟业印刷有限公司

开　　本：787mm×1092mm　1/16		版　　次：2014年9月第1版	
字　　数：170千字		印　　次：2014年9月第1次印刷	
印　　张：15.5		广告经营许可证：京朝工商广字第8087号	
书　　号：ISBN 978-7-5086-4793-7/G.1159			
定　　价：68.00元			